冶金行业固体废物的回收与再利用

胡桂渊　著

西北工業大學出版社
西安

【内容简介】 本书主要介绍冶金工业及环境工程方面的实用技术。全书共分5章，主要内容有冶炼废物再生利用原理、烧结焦化废物再生利用技术、炼铁废渣再生利用技术、含铁尘泥再生利用技术和高炉渣制备多孔吸声材料技术。

本书可供冶金工业、环境污染治理和资源综合利用领域的科研人员、工程技术人员和企业管理人员阅读使用，也可供高等学校相关专业师生参考。

图书在版编目（CIP）数据

冶金行业固体废物的回收与再利用/胡桂渊著．—西安：西北工业大学出版社，2019.12

ISBN 978-7-5612-6730-1

Ⅰ．①冶… Ⅱ．①胡… Ⅲ．①冶金工业—固体废物处理②冶金工业—固体废物利用 Ⅳ．①X756.5

中国版本图书馆CIP数据核字（2019）第292155号

YEJIN HANGYE GUTI FEIWU DE HUISHOU YU ZAILIYONG

冶金行业固体废物的回收与再利用

责任编辑：李文乾　　**策划编辑**：肖　莎

责任校对：付高明　　**装帧设计**：杨树明

出版发行：西北工业大学出版社

通信地址：西安市友谊西路127号　　邮编：710072

电　　话：(029) 88493844　88491757

网　　址：www.nwpup.com

印 刷 者：西安真色彩设计印务有限公司

开　　本：710mm×1000mm　1/16

印　　张：12

字　　数：217千字

版　　次：2020年6月第1版　　2020年6月第1次印刷

定　　价：56.00元

前　言

钢铁工业是我国国民经济建设和发展的支柱产业，近年来粗钢产量快速增长，2014 年我国粗钢产量超过 8 亿吨，2018 年更是达到了 9.28 亿吨。钢铁冶金粉尘产量一般是钢产量的 8%～12%，以年产 9 亿吨钢计算，我国钢铁行业每年产生的粉尘量达 9000 万吨。这些钢铁粉尘中含有铁、钾、锌、硅、钠、碳等可利用组分。钢渣产量一般是粗钢产量的 10%～15%，我国钢铁行业每年产生 1 亿吨左右的钢渣，目前大部分钢渣未能资源化利用。钢铁冶金固废中，粉尘可以借助直接还原炼铁技术提取金属铁，钢渣可作为制备多孔材料、泡沫混凝土等建筑材料的原料，有些钢铁冶金粉尘是提取高附加值产品的重要原料，如制备氧化锌、氯化钾、白炭黑等。

目前，大部分钢铁企业都将固废堆弃处理，不但占用大量的土地资源，污染环境，由固废堆积导致的各类问题日益突出，而且浪费了其中的有价资源。多年来，我国经济得到较快的发展，但在经济发展的同时，环境问题也日益突出。国家中长期规划也把节能减排，大力发展循环经济，建设资源节约型、环境友好型社会定为基本方略。我国是个资源消耗大国，倡导节能减排、发展二次资源循环利用是历史所需，势在必行。

钢铁冶金固废的综合利用是实现钢铁工业固废大规模消纳、资源高效利用、产业升级的关键环节和有效途径。冶金固废高效利用技术的开发和应用，不但对减少资源的浪费、降低现有资源的过度开采具有重要作用，而且有利于降低污染物的排放、减少企业空间和环境压力，为钢铁工业转型升级提供技术支持。本书重点介绍钢铁工业中的炼铁废渣的再生利用技术，以及烧结焦化废物、含铁尘泥和高炉渣的再生利用工艺，以期为促进钢铁冶金固废综合利用技术的开发和应用提供一些可选择的技术方法及有价值的参考。

在编写过程中，本书参考了多位学者的著作和研究成果，在此一并致谢。

由于水平有限，加之冶金行业固体废物的回收与再利用技术也在不断地发展、创新，书中不足之处在所难免，敬请读者批评指正，以便本书的进一步完善。

胡桂渊

2019 年 8 月

目　录

第1章 冶炼固体废物再生利用原理

金属冶炼生产包括焦炉、烧结机、高炉炼铁、炼钢、轧钢、铁合金及各种有色金属冶炼系统。它涉及的专业范围广、生产工艺复杂、物流流程长，产生的固体废物种类繁多、性质各异、数量巨大。主要固体废物是高炉炼铁废渣、转炉炼钢渣、含铁粉尘、氧化铁皮、有色金属冶炼废渣等十多种废渣。加强冶金固体废物的回收利用，实现固体废物处理的资源化、减量化、无害化，已成为金属冶炼生产管理的重要目标。

1.1 冶炼固体废物来源

冶炼废物是指金属冶炼过程中产生的固体、半固体或泥浆废物，主要包括钢铁和有色金属冶炼过程中产生的各种冶炼废物、轧制过程中产生的氧化皮以及各生产环节净化装置收集的各种粉尘、污泥和工业废物。

冶炼废渣主要分为两类：钢铁冶炼废渣和有色金属冶炼废渣。

1.1.1 钢铁冶炼废渣来源

钢铁联合企业的主要生产工艺包括铁前系统、炼铁系统、炼钢系统和轧制系统，其中铁前系统包括烧结机、球团回转窑和焦炉。铁前系统生产的烧结矿、球团矿和焦炭按一定比例分批入炉，辅以鼓风和喷煤措施。利用焦炭（包括粉煤）的燃烧和还原特性，将铁矿石中的铁元素还原为单质铁，并以铁水的形式排出。在铁水转炉炼钢过程中，铁水中的碳、硫、磷、锰、硅被氧化，实现了降碳脱硫、磷的目的，以生产出合格的钢水。通过连铸机将钢水铸成不同规格的方坯和板坯，送轧钢厂轧制。钢铁生产工艺流程如图1-1所示。

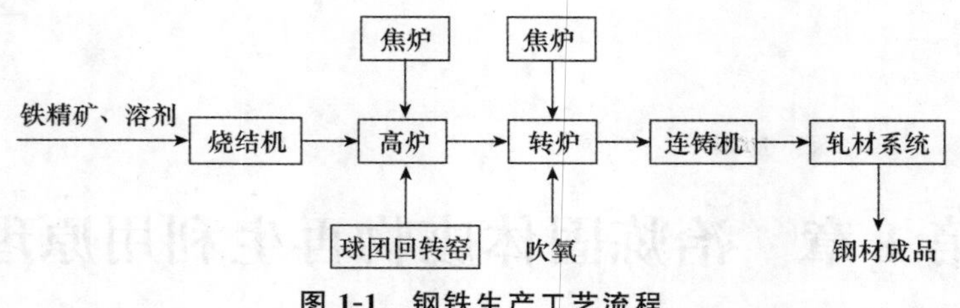

图 1-1　钢铁生产工艺流程

1. 烧结粉尘

烧结厂的固体废物主要是粉尘。烧结过程中，各种设备产生大量粉尘，如燃料破碎、烧结机通风、成品矿筛选等，粉尘的主要部位是烧结机的头部和尾部。成品细度在 5～40μm 之间，机尾粉尘电阻率在 5×10^{9}～1.3×10^{10} $\Omega\cdot$cm 之间。总铁含量约为 50%。每吨烧结矿产生 20～40 kg 粉尘。这种粉尘中含有较高的 TFeO、CaO、MgO 等有益成分，与烧结矿成分基本一致。

2. 炼焦废物

焦化厂生产大量固体物质，如煤尘、焦尘、酸焦油、焦油渣、剩余活性污泥和部分残渣。如果不合理利用这些固体废物，将造成大量的粉尘污染，如果苯、萘、苯酚等有毒物质未经妥善处理，被随意排放，会对生态环境造成严重破坏。

3. 高炉水渣

在高炉冶炼中，焦炭和煤粉在燃烧时会释放大量的热量，产生大量的一氧化碳，在高炉中形成高温还原状态。在这种作用下，铁矿石中的铁元素被还原为元素铁，而其他成分则以渣的形式排出。高温渣水淬形成的固体渣为高炉水渣。水渣的生成量随矿石品位的不同而变化。

4. 高炉干渣

铁水从高炉出铁口排出，经主沟、撇渣器、龙沟、摆动流嘴进入铁水罐。在出铁过程中，铁水凝结结块，使铁沟、撇渣器和摆动流嘴越来越小。清理铁沟、撇渣器和摆动流嘴产生的渣块就是高炉干渣。另外，高炉在异常情况下，从出铁口排出的不是铁水，而是掺有未反应矿物的渣铁混合物。这些渣铁混合物不能满足铁水的质量要求，只能作为干渣的一部分进行处理。干渣的另一个重要来源是，当高炉渣处理系统发生故障时，红渣直接排入干渣坑，不经过渣处理系统，形成干渣。这部分干渣是由脉石、灰分、熔剂和其他不能进入生铁的杂质组成的易熔混合物，其化学成分主要为 SiO_2、CaO、Al_2O_3等。

5. 高炉煤气除尘粉尘

高炉煤气是高炉冶炼的副产品。由于其粉尘浓度高，在进入燃气管网前必须对其进行净化。目前，大多数高炉工艺采用重力沉降室和布袋除尘器两级处理高炉煤气。煤气经净化除尘后产生的粉尘称为高炉煤气除尘粉尘。由于除尘技术和综合利用方式的不同，粉尘一般分为两类：重力沉降室排出的高炉重力粉尘和布袋除尘器排出的高炉干法粉尘。

6. 转炉钢渣

炼钢时，炉内注入的氧气与铁水发生强烈反应，以降低碳含量。同时在炉内加入石灰石、白云石等造渣剂，去除铁水中硫、磷、硅等有害元素。钢渣是转炉炼钢过程中的副产品，主要来源于铁水中硅、铝、硫、磷、钒、铁氧化形成的氧化物，冶炼中加入的造渣剂，腐蚀的炉衬材料和护炉材料。钢渣产量占粗钢产量的 15%～17%。从炉中排出的熔融红渣称为炉渣炉渣经热泼或造粒装置处理后即为钢渣。

7. 转炉除尘污泥

在转炉冶炼中，铁水中的碳元素与吹入的氧气发生强烈反应，释放出大量的炉气（转炉气）。炉气的主要成分是一氧化碳、二氧化碳和氮气，它们与大量粉尘混合。粉尘主要来源于铁水的燃烧损失和未反应的辅助材料（石灰石、白云石等）的细小颗粒。转炉煤气经湿洗除尘后产生大量除尘废水。在除尘废水处理过程中产生的污泥称为转炉除尘污泥。根据不同的水处理工艺和综合利用方式，除尘污泥可分为两类：①粗颗粒分离机排出的污泥粒径大，含铁量高，称为粗粒污泥；②其他从斜板沉淀池和离心机排出的污泥，传统上仍称为转炉除尘污泥（OG 泥）。炉内钢水通常有 1%～2%以烧损的形式进入烟气。因此，除尘污泥量按每吨钢产生污泥量 19 kg 计算。

8. 含铁尘泥

钢材生产工艺流程长，材料运输量大，扬尘点多。对粉尘源进行分类主要有两个方面：一是冶炼系统的高炉出铁场、转炉二次烟气、烧结机头和尾部等产尘部位；二是矿槽储存、原料供料以及运输系统，如烧结槽、炼铁加料系统等。由干法除尘器收集和处理这些含尘废气产生的固体废物统称含铁尘泥。

9. 氧化铁皮

在轧制钢之前，钢坯必须加热到轧制温度（大约 1 100℃）。当钢坯在加热炉中加热时，钢坯表面与空气中的氧气发生反应，并在表面形成一层氧化层。为了保证钢材的表面质量，进入轧机前必须将氧化层剥离。通常使用高压除磷装置予以清除，导致氧化层随冲刷水进入浑浊循环水处理系统。漩流沉淀池沉淀产生的固体废物为氧化铁皮。

10. 其他固体废物

其他固体废物主要包括铁矿石渣、废石渣、废旧耐火材料和废油。石灰窑原料经筛分处理后产生的筛下物为废石渣。在高炉、转炉、轧钢加热炉等炉衬材料的检修、维护和拆除中，会产生大量的废旧耐火材料。废油主要来源于机械设备换油和轧钢水处理系统产生的油污。

为了最大限度地发挥综合利用的效益，需要清楚地认识各种固体废物的主要成分，以便对固体废物进行分类、收集和有效利用。表 1-1 至表 1-3 为某钢铁厂主要固体废物组成分析。

表 1-1　钢铁生产含铁尘泥主要成分分析　　单位：%

名称	SiO_2	CaO	MgO	TFe	S	P	As	Pb	Zn	C
380m³ 高炉矿槽除尘灰	5.67	12.00	2.73	52.10	0.34	0.070	0.013	0.036	0.061	1.33
1 250m³ 高炉矿槽除尘灰	6.43	8.93	2.11	54.68	0.088	0.051	0.010	0.025	0.062	1.57
炼铁供料系统除尘灰	7.09	11.40	2.47	53.31	0.089	0.067	0.015	0.028	0.048	0.49
1 250m³ 高炉干法除尘灰	8.63	4.20	1.30	22.61	0.82	0.051	0.011	1.79	7.92	29.60
380m³ 高炉干法除尘灰	7.45	5.65	1.93	26.60	1.05	0.045	0.021	1.12	6.18	32.13
1 250m³ 高炉重力除尘灰	7.37	5.81	1.18	32.10	0.38	0.056	0.012	0.750	0.933	33.14
380m³ 高炉重力除尘灰	13.67	5.49	1.42	36.29	0.35	0.067	0.012	0.294	0.828	27.83
1 250m³ 高炉出铁场除尘灰	4.96	2.18	0.60	51.00	0.66	0.068	0.012	1.49	1.08	12.25
380m³ 高炉出铁场除尘灰	1.85	0.18	0.11	64.22	0.47	0.075	0.016	0.325	0.596	3.50
100t 转炉二次除尘灰	5.53	10.26	2.91	40.88	0.38	0.114	0.019	1.61	2.70	7.39
35t 转炉二次除尘灰	8.41	9.04	2.24	47.51	0.28	0.128	0.019	0.739	2.43	3.32
100t 转炉除尘废水粗颗粒	8.83	26.15	4.97	42.48	0.15	0.337	0.011	0.068	0.094	1.62
100t 转炉除尘废水污泥	1.64	15.08	2.87	48.36	0.19	0.075	0.012	0.401	0.396	2.32
100t 铁水倒罐站除尘灰	1.19	0.36	0.38	60.77	0.073	0.064	0.012	1.24	0.684	9.31
35t 转炉混铁炉除尘灰	1.29	0.49	0.34	64.68	0.38	0.038	0.013	0.516	0.387	2.03
LF 精炼炉除尘灰	3.78	55.27	14.83	4.97	0.38	0.016	<0.01	0.049	0.076	2.89
100t 转炉地下料仓除尘灰	4.72	55.66	9.91	6.79	0.48	0.023	<0.01	0.020	0.039	2.40
机制铸钢电炉除尘灰	8.17	12.62	14.96	30.23	0.54	0.084	0.025	0.134	0.496	1.77

表 1-2 烧结机头电除尘灰主要成分分析 单位：%

名称		SiO_2	Al_2O_3	CaO	MgO	TFe	S	P	As	Pb	Zn	K_2O	Na_2O
$360m^2$ 烧结机	1号电场	3.84	2.33	11.29	2.33	33.60	0.94	0.039	0.012	6.91	0.054	5.96	0.36
	2号电场	2.10	1.42	7.34	1.69	16.35	0.61	0.019	0.013	18.30	0.089	14.92	0.88
	3号电场	0.48	0.32	2.18	1.81	3.74	0.32	0.019	0.009	29.77	0.122	20.50	1.60
	4号电场	0.54	0.28	2.16	0.92	3.80	0.67	0.008	0.016	30.89	0.144	19.50	1.38
$265m^2$ 烧结机	1号电场	4.49	2.51	11.19	2.53	43.63	0.92	0.039	0.020	2.01	0.049	1.62	0.15
	2号电场	3.45	2.59	12.26	2.70	32.52	1.09	0.051	0.037	5.64	0.098	5.86	0.63
	3号电场	3.00	1.98	10.91	2.50	23.56	1.29	0.029	0.037	11.96	0.108	9.81	0.87
$83m^2$ 烧结机	1号电场	4.41	2.52	10.78	2.30	45.84	0.65	0.045	0.026	0.76	0.048	0.65	0.085
	2号电场	3.54	2.28	12.04	2.50	30.22	1.29	0.036	0.035	6.54	0.090	5.23	0.49
	3号电场	2.82	1.90	10.40	2.66	23.57	1.51	0.032	0.063	9.54	0.118	8.67	0.87

表 1-3 转炉钢铁成分分析 单位：%

名称	SiO_2	Al_2O_3	CaO	MgO	TFe	S	P_2O_5	TiO_2	MnO	K_2O	Na_2O	V_2O_5
粒化渣	13.31	0.99	43.44	7.98	16.01	0.024	1.69	1.37	2.57	0.001	<0.001	0.359
热泼渣	12.86	0.86	45.51	7.08	16.04	0.053	1.80	1.51	2.51	0.002	<0.001	0.384
原始渣	13.09	0.78	46.45	6.91	16.57	0.056	1.76	0.98	1.82	0.002	<0.001	0.276

注：1. 原始钢渣是刚从转炉倾倒出来的熔融态炉渣。

2. 粒化渣是经粒化装置打碎并急速冷却后的粒状钢渣。

3. 热泼渣是置于渣槽并淋水热焖处理后的钢渣。

4. 以上数据由广西柳州钢铁冶金材料检测中心提供。

1.1.2 有色金属冶炼废物来源

1. 重有色金属冶炼固体废物

重有色金属冶炼固体废物，是指重有色金属冶炼加工过程和环境保护设施产生的固体或淤泥质废物。根据冶炼工艺的不同，有铜渣、铅渣、锌渣、镍渣、钴渣、锡渣、锑渣、汞渣等。在冶炼过程中，每生产 1t 金属，就会产生几吨到几十吨的熔渣。

重金属冶炼产生的固体废物种类多、量大、成分复杂，主要有湿法渣和火法渣。湿法渣可分为焙砂（或精矿）浸出过程中产生的各种浸出渣、浸出液净化过程中产生的净化渣和电解过程中产生的阳极泥；而火法渣主要包括火法冶金过程中产生的炉渣、粗选过程中产生的粗炼渣、精炼过程中产生的精炼渣和电解精炼过程中产生的阳极泥，以及冶炼过程中产生的烟气被（由除尘器收集）产生的灰尘。

2. 铝工业固体废物

铝工业的生产主要包括氧化铝、金属铝和铝加工材料的生产。赤泥是氧化铝生产过程中产生的主要固体废物。采用拜耳法生产，国外每生产 1 t 氧化铝产生 0.3～2 t 赤泥，国内烧结法每生产 1 t 氧化铝产生 1.8 t 赤泥，而采用联合法每生产 1 t 氧化铝产生 0.96 t 赤泥。目前大部分赤泥采用堆场湿存或脱水干化进行处理，其后果越来越严重。扩大赤泥回收方式，提高赤泥综合利用率具有重要意义。

金属铝的主要生产设备是电解槽。电解槽由钢壳内衬耐火砖和碳素材料组成。炭衬层是电解槽的阴极，阳极是碳素电极。在电解过程中，碳阳极不断消耗，需要连续或间歇更新。剩余阳极也可以回收利用。铝电解槽内衬的使用寿命为 4～5 年。在阴极内衬大修过程中，应清理大量的废炭块、腐蚀耐火砖和保温材料。这些废渣是铝还原生产过程中产生的主要固体废物。例如，在 130 kA 的欧洲铝电解槽中，废渣产生量为 30～50 kg/t 铝，其中约 55％为耐火砖，45％为炭块，还含有氟，需要回收利用。

3. 稀有金属冶炼固体废物

稀有金属主要是指地壳上的一种稀有、分散、不易富集成矿、难以冶炼和提取的金属。1958 年，我国正式对金属元素进行了分类，其中有色金属 64 种、稀有金属 40 多种。稀有金属是人民生活、国防工业和科学技术发展不可缺少的基础材料和战略材料。

稀有金属工业固体废物，是指在采矿、选矿、冶炼、加工过程和环境保护设施中，由稀有金属排放的固体或者泥质废物。

1.1.3 冶炼固体废物的特点

1. 量大面广，处理工作量大

冶金工业固体废物产生量大。钢铁企业遍布国内钢铁生产大城市。据统计，钢铁联合企业每生产 1 t 钢材排放粉尘 15～50 kg，高炉渣 320 kg，转炉渣 110 kg，以及氧化铁皮、废耐火材料和钢铁工业废料。钢铁工业固体废物约占我国工业总废物的18%。

2. 可综合利用价值大

金属冶炼包括钢铁冶炼和有色金属冶炼。冶炼工业产生的固体废物含有各种有价值的元素，如铁、锰、钒、铬、钼、镍、铌、稀土、铝、镁、钙、硅等金属和非金属元素，高炉水淬渣中硅、钙、镁、铝的氧化物等可重复利用的二次资源通常分布广泛。含铁粉尘含有较高的铁元素，是钢铁厂回收利用的金属资源。转炉尘泥含铁量大于50%，轧制氧化铁含铁量大于90%。

3. 钢铁废渣有毒废物较少

除铬和五氧化二钒生产过程中从水中浸出的铬渣和钒渣、特殊钢厂高铬合金钢生产过程中产生的电炉粉尘、碳素制品厂产出的焦油以及薄板表面处理废水产生的含铬污泥等少量有毒废物外，其他固体废物，如尾矿、钢铁渣、含铁粉尘，虽然体积大，但基本上属于一般工业固体废物。

4. 有色金属冶炼废物毒性大

有色金属工业固体废物通常含有多种重金属化合物，有些固体废物含有铀、钍等放射性物质，含有多种有毒物质和组成复杂、危害性强的酸、碱类物质。应采取减量化、资源化、无害化的方式妥善处理。表1-4列出了属于危险废物的有色金属残留物。

表1-4 属于危险废物的有色金属废物

行业来源	废物代码	危险废物	危险特性
常用有色金属冶炼	331-002-48	铜火法冶炼过程中尾气控制设施产生的飞灰和污泥	T
	331-003-48	粗锌精炼加上过程中产生的废水处理污泥	T
	331-004-48	铅锌冶炼过程中，锌焙烧矿常规浸出法产生的浸出渣	T
	331-005-48	铅锌冶炼过程中，锌焙烧矿热酸浸出黄钾铁矾法产生的铁矾渣	T
	331-006-48	铅锌冶炼过程中，锌焙烧矿热酸浸出针铁矿法产生的硫渣	T
	331-007-48	铅锌冶炼过程中，锌焙烧矿热酸浸出针铁矿法产生的针铁矿渣	T
	331-008-48	铅锌冶炼过程中，锌浸出液净化产生的净化渣，包括锌粉-黄药法、砷盐法、反向锑盐法、铅锑合金锌粉法等工艺除铜、锑、镉、钴、镍等杂质产生的废渣	T
	331-009-48	铅锌冶炼过程中，阴极锌熔铸产生的熔铸浮渣	T
	331-010-48	铅锌冶炼过程中，氧化锌浸出处理产生的氧化锌浸出渣	T

续表

行业来源	废物代码	危险废物	危险特性
常用有色金属冶炼	331-011-48	铅锌冶炼过程中，鼓风炉炼锌锌蒸气冷凝分离系统产生的鼓风炉浮渣	T
	331-012-48	铅锌冶炼过程中，锌精馏炉产生的锌渣	T
	331-013-48	铅锌冶炼过程中，铅冶炼、湿法炼锌和火法炼锌时，金、银、铋、镉、钴、铟、锗、铊、碲等有价金属的综合回收产生的回收渣	T
	331-014-48	铅锌冶炼过程中，各千式除尘器收集的各类烟尘	T
	331-015-48	铜锌冶炼过程中烟气制酸产生的废甘汞	T
	331-016-48	粗铅熔炼过程中产生的浮渣和底泥	T
	331-017-48	铅锌冶炼过程中，炼铅鼓风炉产生的黄渣	T
	331-018-48	铅锌冶炼过程中，粗铅火法精炼产生的精炼渣	T
	331-019-48	铅锌冶炼过程中，铅电解产生的阳极泥	T
	331-020-48	铅锌冶炼过程中，阴极铅精炼产生的氧化铅渣及碱渣	T
	331-021-48	铅锌冶炼过程中，锌焙烧矿热酸浸出黄钾铁矾法、热酸浸出针铁矿法产生的铅银渣	T
	331-022-48	铅锌冶炼过程中产生的废水处理污泥	T
	331-023-48	粗铝精炼加工过程中产生的废弃电解电池列	T
	331-024-48	铝火法冶炼过程中产生的初炼炉渣	T
	331-025-48	粗铝精炼加工过程中产生的盐渣、浮渣	T
	331-026-48	铝火法冶炼过程中产生的易燃性撇渣	R
	331-027-48	铜再生过程中产生的飞灰和废水处理污泥	T
	331-028-48	锌再生过程中产牛的飞灰和废水处理污泥	T
	331-029-48	铅再生过程中产生的飞灰和残渣	T
贵金属冶炼	332-001-48	汞金属回收工业产生的废渣及废水处理污泥	T

注：危险特性是指毒性（Toxicity，T）、反应性（Reactivity，R）等。

1.1.4 固体废物的危害

1. 废物对环境的污染

随着人类社会生产活动的发展，冶金工业废物量逐年增加。处理这些废物需要大量的人力、物力、财力和土地。如果处置不当，将对环境造成严重污染。冶炼废物对环境的污染主要表现在以下四个方面。

（1）对土壤和地下水的污染。由于废物和垃圾是在生产和生活过程中产生的，其堆放不可避免地会占用大量土地，废物堆放与农业用地竞争的矛盾日益尖锐。在自然风化作用下，大量的有毒废物四处流散，污染了土壤。由于采矿废石大量堆积，农田和大片森林遭到破坏。

由于冶炼废物中含有多种有毒物质，对土壤的危害也很严重。这些有毒废物长期存放，其可溶成分随雨水从地表向下渗透，并转移到土壤中，使废渣附近的土壤酸化、碱化、硬化，甚至造成重金属污染。

有毒物质进入土壤后，不仅在土壤中积累，造成土壤污染，而且通过雨水等渗漏进入地下水，造成附近地区地下水污染，对人体健康构成潜在威胁。

（2）对地表水域的污染。冶炼固体废物除了通过土壤渗入地下水外，还可以通过风、雨或人为因素进入地表水。

在雨水的作用下，冶炼固体废物很容易通过地表径流流入河流、湖泊和海洋，造成水体的严重污染和生态破坏。有的企业直接向江河、湖泊、沿海水域倾倒工业垃圾，造成较大规模的水污染。

（3）对植物的污染和危害。堆积的固体废物不仅占用了土地，而且破坏了地表的绿化植被。废物堆放后，化学变化不断释放出对植物生长有害的有毒物质，使绿色植物无法再生。大量的绿色植物被掩埋，不仅破坏了自然环境，还杀死了氧的制造者。一方面，冶金废物的堆放消耗大量氧气，另一方面，它破坏了氧气的来源，从而破坏了自然界中氧气的物质循环。

植物需要不同种类的重金属。但是，铜、汞、铅等重金属是植物生长发育中不必要的元素，且对人体健康有害。一些元素是植物正常生长发育所必需的，具有一定的生理功能，如铜、锌等。铜和锌在土壤中是不可缺少的，但当含量过高时，会造成污染危害。土壤中重金属含量对植物体内不需要的重金属的浓度有明显的影响。如果土壤中这些元素的含量过高，就会使植物中这些元素的含量迅速达到污染水平。因此，土壤中汞、铝和铅含量过高，往往比铜、锌等微量元素含量过高的危害更为严重。

不同类型的重金属污染土壤对农作物的危害不同。例如，铜和锌主要阻碍植物的正常生长，而在作物生长发育不受阻碍的情况下，植物体内汞和镉的积累可能显著增加，甚至达到有害水平。一般来说，汞和镉在土壤中积累，对作物生长危害不大，但它们在土壤和作物中的残留会显著增多。

（4）对大气的污染。冶金固体废物在堆放过程中，在温度和水的作用下，一些有机物分解产生有害气体，一些腐败的废物散发出鱼腥味，造成空气污染。例如，煤矸石堆放时经常自燃，一旦火势蔓延，很难扑灭，并排放大量二氧化硫气体，污染大气环境。废物和垃圾以颗粒物的形式随风飘散，不仅污染建筑物、花卉和树木，危害市容和卫生，而且污染环境，影响人体健康。

此外，在冶金工业固体废物的运输和处理过程中，有害气体和粉尘污染也十分严重。

2. *冶炼废物对人体的危害*

冶炼过程中，粉尘、工业毒物、高温、噪声、辐射等有害因素对工人的健康造成危害。

（1）粉尘的危害。在空气或水的环境容量、自然与人体的自净能力、人为控制能力、粉尘的性质、作用于人体的粉尘的时间和数量等相互作用下，自然或人为粉尘对人体造成有害影响，这被称为粉尘危害。

粉尘危害是我国最严重的工业危害之一。随着冶金工业的快速发展，有尘企业和接尘工人急剧增加。防尘工作与生产发展不同步，产生了不良影响，主要表现在：尘点合格率低，严重超标；尘肺患病率高，在过去30年中我国尘肺患者数量平均年增长率为13.3%，只有近几年才得到缓解和改善；环境污染，影响人类健康。此外，还有一些放射性矿物（如铀矿）在冶炼过程中含有或吸附放射性核素的粉尘，具有电离辐射特性，辐射会对人体造成严重危害。

（2）工业毒物的危害。工业毒物含有一些能引起中毒的物质。这些物质可引起急性中毒、亚急性中毒和慢性中毒。冶金固体有毒废物侵入人体有直接和间接两种途径。其直接途径是：废渣粉尘被风吹起，经呼吸道进入人体；废渣通过与手、食物接触，经食道进入人体；经由皮肤被污染，产生刺激。间接途径是通过污染水和土壤进入食物链，在人体内积累，积累到一定程度后引起中毒症状。

综上所述，冶金过程中产生的固体废物对环境造成严重污染，对人类生产和生活造成严重危害。因此，有必要采取措施对其进行有效控制。

1.2 冶炼固体废物再生利用基本方法

在冶炼固体废物的综合利用过程中，必须采用一系列的再生处理方法来回收有用的成分。不能综合利用的固体废物，必须在最终处理前进行妥善处置，使其无害化，尽量减少其体积和数量。随着科学技术的发展，固体废物处理技术得到了很大的提高。现在人们可以采取物理、化学和生物方法来处理固体废物。

1.2.1 固体废物的预处理

在固体废物的回收和最终处理之前，通常需要进行预处理，以便于下一步的处理和利用。预处理工艺包括固体废物的破碎、筛分、粉磨和压缩。

1. *破碎*

破碎的目的是将固体废物破碎成小块或粉状颗粒，有利于有用或有害物质的分离。

固体废物的破碎方法有两种：机械破碎和物理破碎。机械破碎是指利用各种破碎机对固体废物进行破碎。破碎机主要有颚式破碎机、辊式破碎机、冲击式破碎机和剪切式破碎机。物理破碎可用于不需要机械破碎的固体废物。物理破碎方法包括低温冷冻破碎和超声波破碎。低温粉碎的原理是利用部分固体废物在低温条件下的脆性达到粉碎的目的。目前，低温技术已被应用于废塑料及其制品、废橡胶及其制品、废电线（塑料或橡胶涂层）等的破碎。超声波破碎仍处于实验室阶段。

2. *筛分*

筛分是用筛子将粒度范围大的混合物按粒度大小分为几个不同的等级的过程。它主要与物料的粒度或体积有关，密度和形状影响不大。筛分时，通过筛孔的物料称为筛下产品，筛上剩余的物料称为筛上产品。筛分一般适用于粗粒物料的分解。常用的筛分设备有棒条筛、振动筛、圆筒筛等。

根据筛分作业的不同任务，可分为独立筛分、预备筛分、辅助筛分和脱水筛分等。在固体废物破碎车间，筛分主要作为辅助筛分，其中破碎前的筛分称为预筛分，破碎后的产品筛分称为检查筛分。

3. *粉磨*

粉磨在固体废物处理和利用中起着重要作用。粉磨一般有三个目的：其一，对物料进行最后一段粉碎，分离各种成分的单体，为下一步分选创造条件；其二，粉磨各种废物原料，同时起到均匀混合的作用；其三，制造废物粉末，增加物料比表面积，以缩短物料的化学反应时间。

磨机的种类较多，如球磨机、棒磨机、砾磨机、自磨机等。

4. 压缩

固体废物压缩处理的目的是为了减少体积，方便装卸和运输，并生产高密度惰性块，用于储存、填埋或用作建筑材料。可燃废物、不可燃废物或放射性废物均可压缩。

固体废物压缩机的类型较多。以城市垃圾压缩机为例，小型家用压缩机可安装在柜下，大型压缩机可以安装在整辆车上，每天可压缩数千吨垃圾。压缩机大致可分为立式压缩机和卧式压缩机两种类型。

1.2.2 物理方法处理技术

固体废物的物理和理化性质通常用于分选或分离固体废物中的有用或有害物质。通常物理性质有重力、磁性、电性、光电性、弹性、摩擦性、粒径特性；理化性质有表面润湿性等。根据固体废物的这些特点，可采用的分选方法有重力分选、浮选磁力分选、电力分选、拣选、摩擦和弹道分选。

1. 重力分选（简称重选）

重力分选是将物料送入活动或流动的介质中，分选不同密度产物的一种方法，颗粒密度的不同，导致不同的运动速度或运动轨迹。

重力分选常用水、空气和悬浮液。目前，实验室只使用重液。重力分选方法可分为重介质选、跳汰选、摇床选和溜槽选。一般来说，分级和洗矿也属于重力分离范畴。

重力分选的优点是生产成本低，处理物料粒度范围广，对环境污染小。

2. 浮选

浮选是固体废物回收利用技术中的一项重要技术，主要用于分离重力分选不易分选的细小固体颗粒。浮选的原理是利用矿物表面的理化特性，在一定条件下加入各种浮选剂（发泡剂、捕收剂、抑制剂、介质调整剂等），并机械搅拌，使悬浮物附着在气泡或浮选剂上，连同气泡一起浮到水面，然后将其回收。

目前还没有专门的固体废弃物浮选机。我国使用最广泛的机械搅拌浮选机是国产 XJK 型浮选机。

3. 磁力分选（简称磁选）

磁选有两种类型。一种是电磁和永磁的磁力分选。磁选方法是在带式输送机末端设置电磁或永磁的磁力滚筒。当物料通过磁力滚筒时，铁磁物料可以被分选出来。另一种是磁流体分选。磁流体是一种在磁场或磁场与电场联合作用下能被磁化的稳定分散液，表现出似加重现象，并对颗粒具有磁浮力作用。磁流体通常使用强电解质溶液、顺磁溶液和磁性胶体悬浮液。似加重后的磁流体密度称为视在密度。视在密度比介质的原始密度高几倍。介质的真密度一般为 1 400～1 600 kg/cm^3，视在密度可高达 21 500 kg/cm^3。通过改变外磁场强度、磁场梯度或电场强度，可以任意调节流体的视在密度。将固体废物置于磁流体中，通过调整磁流体的视在密度，可以有效地分选出任意密度的物料。

磁流体分离（MHD）是将重力分选和磁选原理相结合的分选过程。非磁性材料在准加重介质中按密度差进行分选，类似于重力分选。磁性物料是根据磁场中的磁差来分选的，类似于磁选。

磁流体分选在固体废物处理和利用中占有特殊的地位。它不仅可以分选各种工业废物，还可以从城市垃圾中分选铝、铜、锌、铅等金属。

4. 电力分选

电力分选是利用所选物料的电学性质差异来分离高压电场中物料的一种方法。一般来说，物质可以分为良导体、半导体和非导体。它们在高压电场中有不同的运动轨迹。我们可以利用物质的这种特性来分选不同的物质。分选原理如图 1-2 所示。

图中导电率不同的物料由料斗送入鼓式静电分选机的高压电转鼓 1。导电性好的颗粒瞬间获得与转鼓同号电荷，而非导体则不能获得同号电荷。这样，导体被抛到远离电转鼓 1 的导体产品的受料槽 2。非导体随转鼓运动，落入靠近转鼓的非导体产品受料槽 3 内。这样就可以分选出具有不同电性的材料。

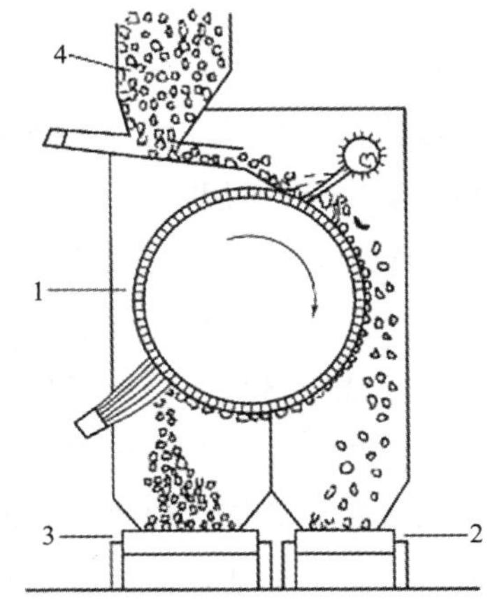

图 1-2 静电鼓式分选原理示意

1—电转鼓；2—导体产品受料槽；3—非导体产品受料槽；4—料斗

5. 拣选

拣选是利用材料的光、磁、电、放射性等分选特性的差异来实现分选的一种新方法。拣选时，物料呈单层（行）排除，由检测器逐个检测。利用电子技术对检测信号进行放大，驱动拣选执行机构将物料分选出来。

拣选可用于从大量工业固体废物和城市垃圾中分离塑料、橡胶、金属及其产品。

6. 摩擦和弹道分选

摩擦和弹道分选是利用固体废物中各种混合物质的摩擦因数和碰撞恢复系数的差异进行分选的新技术。其原理是各种固体废物的摩擦因数和碰撞恢复系数存在明显的差异。当它们沿斜面运动并在斜面上碰撞时，会产生不同的速度和反弹轨迹，从而达到分选的目的。

1.2.3 化学方法处理技术

固体废物的化学处理是利用固体废物进行化学转化，回收物质和能源的有效方法。煅烧、焙烧、烧结、溶剂浸出、热分解、焚烧、电力辐射等属于化学处理技术。

1. 煅烧

煅烧是在合适的高温条件下，从物质中除去二氧化碳和水的过程。煅烧过程中发生脱水、分解、化合等物理化学变化。碳酸钙渣经煅烧再生石灰，反应如下：

$$CaCO_3 \longrightarrow CaO + CO_2$$

2. 焙烧

焙烧是将材料在适当的环境中加热到一定温度（低于其熔点）以引起物理和化学变化的过程。根据焙烧过程中的主要化学反应和焙烧后的物理状态，可分为烧结焙烧、磁化焙烧、氧化焙烧、中温氯化焙烧、高温氯化焙烧等。这些方法在各种工业废物的回收利用过程中具有较为成熟的生产工艺。

（1）烧结焙烧。烧结焙烧是将物料烧结成具有一定强度和特性的块状物的工艺过程。在烧结炉炉料中配入钢渣生产烧结矿是烧结焙烧的一种。

（2）磁化焙烧。磁化焙烧的目的是将弱磁性物质转变为强磁性物质，使其通过弱磁场磁选机进行分选和回收。硫铁矿、硫铁矿烧渣等铁的硫化物和氧化物不仅增加了磁性，而且在适宜的温度和还原环境下焙烧后强度也大大降低，对破碎和粉磨具有重要意义。

（3）氧化焙烧和中温氯化焙烧。氧化焙烧和中温氯化焙烧是指物料在氧化或氯化环境下的中温焙烧。如果煤矸石中含有 FeS_2，氧化环境下焙烧可产生 SO_3，SO_2和水可形成 H_2SO_4，加氢可形成硫酸铵肥料。如果硫铁矿烧渣在 600～650℃的氯化环境中焙烧，则烧渣中的有色金属氧化物形成可溶性氯化物。有色金属可从可溶性氯化物溶液中回收。

（4）高温氯化焙烧。高温氯化焙烧是指在氯化环境中，在较高温度（1 000℃以上）下进行的物料焙烧。

硫铁矿烧渣与氯化钙混合成球团，干燥后在 1 000℃以上的高温下进行氯化焙烧，有色金属氯化挥发，与三氯化亚铁分离。从挥发性有色金属氯化物烟尘中收集和回收有色金属。焙烧的球团可用于炼铁。

3. 烧结

烧结是将粉末或颗粒物质加热到低于主要成分熔点的温度，使颗粒结合成块或球团，并提高致密度和机械强度的过程。为了更好地烧结，应在材料中加入一定量的助熔剂，如石灰石和苏打。在烧结过程中，物料发生物理化学变化，改变其化学性质，局部熔化，形成液相。烧结产物可以是可溶性化合物，也可以是不溶性化合物。应根据下道工序的要求制定烧结条件。烧结通常是焙烧（烧结焙烧）的目的，但焙烧并不一定需要烧结。

4. 溶剂浸出法

将固体物料加入液体溶剂中，固体物料中的一种或多种有用金属溶解在液体溶剂中，以便下一步从溶液中提取有用金属。这种化学过程称为溶剂浸出法。

根据浸出剂的不同，可分为水浸、酸浸、碱浸、盐浸和氰化浸。

溶剂浸出法广泛应用于固体废物中有用元素的回收利用，如用盐酸浸出物质中的铬、铜、镍、锰等金属，以及从煤中浸出结晶三氯化铝和二氧化钛。在生产中，应根据物料组成、化学成分和结构选择浸出剂。浸出过程一般在常温、常压下进行，但为了强化浸出过程，常采用高温高压浸出。

5. 焚烧

焚烧是一种控制固体废物燃烧的方法。其目的是将有机和其他可燃物质转化为二氧化碳和水，排放到环境中，减少废物量，便于填埋。在焚烧过程中，许多病原体和各种有毒有害物质也能转化为无害物质。因此，它也是一种有效的灭菌废物处理方法。

焚烧和燃烧是不同的。焚烧的目的在于减少固体废物，并使残渣安全、稳定。燃烧的目的是从燃料燃烧中获取热能。然而，焚烧必须以良好的燃烧为基础，否则会产生大量黑烟。同时，未完全燃烧的物料进入残渣，不能达到减量、安全、稳定的目的。

尽管固体废物焚烧的目的和燃烧条件不同于燃料燃烧，但它毕竟是一个燃烧过程。无论固体废物的种类和组成有多复杂，其燃烧机理都与一般固体燃料相似。

固体废物焚烧是在焚烧炉中进行的。焚烧炉有很多种，如炉排式焚烧炉和流化床焚烧炉。

6. 挥发法

挥发法是根据废物中某些金属在高温和一定的大气条件下易挥发的特点而采用的一种处理方法。在回转窑或熏蒸炉中加入锌渣，废物中的氧化锌还原成金属或低价氧化物，在高温和还原环境下挥发。氧化锌通过除尘系统以烟尘的形式回收。在回转窑中进行的挥发称为“威尔兹”法，在烟化炉中进行的称为“烟化”法。根据挥发过程中所控制的环境，可分为还原挥发、氯化挥发、硫挥发和氧化挥发。

挥发法工艺简单，综合回收率好，经济效益高。我国锌渣采用烟化法处理。废物经烟化挥发后含锌量为0.07%，达到世界先进水平。

7. 浮选法

重有色冶炼废物的浮选处理工艺是将重有色冶炼废物粉碎后制成浆，在浮选槽内进行浮选。浮选时，应采用机械搅拌，通入空气，加入各种浮选剂，使金属浮起气泡，浮选产出精矿后的剩余部分为尾矿。

浮选法处理废物具有工艺时间短、成本低的特点，用于处理贵金属废物，回收效果好。某厂锌浸出渣采用浮选法回收银。原渣铅含量为12.36%，银回收率为95.6%，铅回收率为91.24%。某厂铜渣采用浮选-电解工艺，产品为铜粉，铜的回收率为90%，取得了良好的经济效益。日本所有的闪速炉渣都是通过浮选回收的。浮选也是国外处理废物的一种常用方法。

8. 熔炼法

这种方法是先将废物熔化到熔炼炉中，再加入还原剂和稀释剂，高温熔炼，使废物中的金属还原，硫化成硫化物金属，然后回收。通常称为“还原贫化”法。常用的贫化剂有黄铁矿、硫化钠、各种硫化精矿等。

该法的冶炼过程很简单。利用现有设备的余热和冶炼厂的废物，熔炼后产生的废物可直接返回生产工序。可处理铜渣、钴渣、铅渣、镍渣和锑泡渣。某工厂使用苏打-铅精矿熔炼工艺来处理铅浮渣，与传统的苏打-硫精矿砂熔炼法相比，取得了较为明显的经济效益。每年从渣中回收黄金 65 kg、银 1 041 kg，增产粗铅 748 t。

9. 湿法冶金处理法

根据所用溶剂的不同，废物的湿法冶金处理可分为酸浸、碱浸和盐溶液浸。废物的湿法处理通常需要在浸出前对废物进行焙烧或粉磨预处理，然后进行浸出。根据浸出液的性质，选择置换、沉淀、离子交换、萃取、热分解、电化学、电解等工艺，从浸出液中分离出金属或金属化合物、络合物。回收产品根据使用的工艺不同而不同，包括金属粉、纯金属和各种金属化合物或合金。

湿法冶金处理法可以处理各种冶金废物，具有适应性强、方案简单、综合回收率高等优点。湿法处理基本上不排放废气，但出水需要处理。含稀有贵金属的废物经湿法处理后，既能回收重金属，又能回收贵金属，因此被越来越多的工厂采用，发展迅速。在国内某厂对废旧电池和镀锌渣进行了湿法处理。处理流程为：硫酸浸出—净化—锌、锰同时电解。该方法将湿法炼锌与电解二氧化锰相结合。锌和锰的回收率分别为 95.74%和 93.4%。该方法技术可行，经济有效。废物的湿法冶金处理有时流程较长，中间渣需要进一步处理，从而增加了处理成本。

1.2.4 生物处理技术

生物处理，又称生化处理，是利用微生物处理各种固体废物的方法。其基本原理是利用微生物的生化作用，将复杂的有机物分解为简单物质，将有毒物质转化为无毒物质。根据供氧的有无，生物处理可分为好氧生物处理和厌氧生物处理。好氧生物处理是在水中有充分的溶解氧存在的情况下，利用好氧微生物的活动，将固体废物中的有机物分解成二氧化碳、水和氨以及硝酸盐。厌氧生物处理是利用厌氧微生物的活动，在缺氧条件下将固体废物中的有机物分解为甲烷、二氧化碳、硫化氢、氨和水。生物处理技术具有效率高、运行成本低的优点。

1.3 冶炼固体废物综合利用途径

冶炼产生的固体废物具有双重性质。它一方面占用大量土地，污染环境，另一方面含有许多有用物质，是一种资源。在 20 世纪 70 年代之前，世界对固体废物的认识只停留在处理和防止污染的问题上。自 20 世纪 70 年代以来，由于能源和资源的短缺以及人们对环境问题的认识不断加深，人们已从被动处理转向综合利用。综合利用是指对固体废物中有价值的物质和能量进行回收利用的管理或工艺措施。

固体废物的综合利用方式可以概括为以下几种。

1.3.1 提取各种金属

提取最有价值的金属是固体废物回收利用的重要途径。

(1) 钢渣中含有铁。从钢渣中提取铁是近年来发展起来的一项新技术。

(2) 有色金属渣通常含有其他金属。在重金属冶炼渣中，金、银、钴、锑、硒、碲、铊、钯、铂等常被提取出来。有的甚至可以达到或超过工业矿床的品位。其中一些矿渣回收稀有金属比主金属更有价值。如果不首先提取这些稀有贵金属和其他贵重金属，就无法达到最佳利用效果。因此，必须先回收稀有金属和贵金属，之后才能将矿渣用于一般用途。

1.3.2 生产建筑材料

利用工业废物生产建筑材料是一种广阔的途径。利用工业废物生产建筑材料，通常不会造成二次污染，是消除污染、使大量工业废物资源化的主要途径之一。

1. 生产碎石

高炉渣、铁合金渣、钢渣等冶金渣经冷却后自然结晶，无粉化现象。其强度和硬度与天然岩石相似，是生产碎石的良好材料，可用作混凝土骨料、道路材料、铁路道床等。

利用工业废物生产碎石，可以减少天然砂岩的开采，有利于保护自然景观，有利于水土保持和农林生产。因此，从合理利用资源和保护环境的角度出发，应大力推进渣砾石生产。

2. 生产水泥

部分工业废渣的化学成分与水泥相似，具有水硬性。如粉煤灰、水淬高炉渣、钢渣、赤泥等，可用作硅酸盐水泥的混合料。由高炉矿渣和部分水泥熟料制成的水泥称为矿渣硅酸盐水泥，由粉煤灰、煤矸石和水泥熟料制成的水泥称为火山灰硅酸盐水泥。一些氧化钙含量高的工业废渣，如钢渣、高炉渣，也可以生产无熟料水泥。此外，煤矸石和粉煤灰也可以代替黏土作为水泥生产的原料。

3. 生产硅酸盐建筑制品

硅酸盐产品可以用一些工业废渣生产出来。在粉煤灰中掺入适量的炉渣、矿渣等集料，与石灰、石膏、水拌和，可制成养护砖、砌块与大型墙体材料。砖瓦也可以用尾矿、电石渣、赤泥、锌渣等制成。煤矸石的成分与黏土相似，含有一定的可燃成分。它不仅可以代替黏土，而且还可以节约能源。

4. 生产铸石和微晶玻璃

铸石具有耐磨、耐酸碱腐蚀的特点。它是钢铁和一些有色金属的良好替代材料。部分冶金渣的化学成分能满足生产铸石的要求，这些冶金渣可直接用来生产铸石，无需再加热。与用天然岩石生产铸石相比，可节约能源。

炉渣微晶玻璃是近年来国外发展起来的一种新材料。其主要原料是高炉渣或合金渣。渣玻璃陶瓷具有耐磨、耐酸、耐碱腐蚀的特点，其密度比铝轻，在工业和建筑中有着广泛的应用。

5. 生产矿渣棉和轻集料

生产矿渣棉和轻集料也是利用各种工业废物的途径之一。例如，高炉渣或煤矸石可用于生产矿棉，粉煤灰或煤矸石可用于生产陶粒，高炉渣可用于生产膨珠或膨胀矿渣。这些轻质集料和矿渣棉在工业和民用建筑中的应用越来越广泛。

6. 生产钢渣粉

钢渣粉具有一系列的使用特性，近年来发展迅速。中业建筑研究院有限公司研制并应用钢渣粉作为混凝土掺合料，取得了重要成果。

1.3.3 生产农肥

利用固体废物生产农肥或替代农用肥料具有广阔的前景。许多工业废物含有高硅、高钙和多种微量元素，其中一些还含有磷，因此可以用作农业肥料。农业利用工业废物主要有两种方式，即直接用于农田和化肥生产。如粉煤灰、高炉渣、钢渣、铁合金渣可直接作为硅钙肥用于农田，既可提供农作物所需的养分，又可改善土壤。当钢渣中磷含量较高时，可作为生产钙镁磷肥的原料。

但是，必须注意的是，将工业固体废渣用作农业肥料时，必须严格检查废物是否有毒。如果是有毒废物，就不能用于农业生产，但如果有可靠的解毒方法，就有更大的使用价值，只有经过严格的解毒，才能谈综合利用。

1.3.4 回收能源

废物再生综合利用是节约能源的主要途径。许多固体废物具有较高的热值和势能，可以充分利用。固体废物的能量回收可以通过焚烧法、热解法等热处理方法和甲烷发酵、水解等低温方法实现。一般认为热解法较好。

1.3.5 取代某种工业原料

为了节约资源，可以对固体废物进行处理，以取代一些工业原材料。部分废渣可代替砂、石、活性炭、磺化煤等作为过滤介质净化污水。高炉渣可以代替砂石作为过滤材料处理废水，也可作为吸附剂从水面回收石油产品。

总之，固体废物的利用对减少和消除固体废物的危害，保护环境，节约原材料和能源具有重要意义。在考虑固体废物的处理时，首先要考虑综合利用。

1.4 钢铁固体废物处理技术路线

1.4.1 技术路线原则

（1）钢铁工业生产过程中产生的固体废物是环境中的主要污染物之一，也是一种有用的二次资源。它必须得到最大程度的处理和利用。

（2）钢铁工业生产应当尽量选用不产生或者少产生固体废物的工艺、技术和原料。支持和鼓励钢铁工业固体废物处理和综合利用技术的研究和开发。

(3) 选择各种固体废物处理工艺必须考虑合适的综合利用方式。同时，根据固体废物的理化性质和综合利用要求，固体废物处理应是采用满足钢铁工业生产需要、工艺流程简单、设备投资少、有利于产品的综合利用的方法。

(4) 固体废物综合利用应当首先考虑经济效益好、处理利用量大的途径，并尽可能在企业和区域内就地利用。

(5) 综合利用技术成熟的固体废物，应当有相应的运输、处理、加工和综合利用设施。不再设置长期堆场，而只设中间储场。

(6) 对综合利用技术不成熟的固体废物，应妥善贮存、处理，分类堆放，以利于今后的综合利用。

(7) 综合利用钢渣的性能应当符合国家各类钢渣产品技术标准的要求。用于道路施工、工程回填和建筑材料的钢渣，金属含铁量不应超过1%（大于2 mm钢粒），冶炼熔剂不能选用废钢。

(8) 有毒固体废物的堆放，必须采取防水、防渗、防损等措施，设置危险废物标志。

1.4.2 各工序技术路线

1. 采矿废石与尾矿的处理与综合利用

(1) 采矿产生的废矿应尽可能就近用于填充采空区或作为内排土使用。如有可能，应回收或处理废石。

(2) 选矿厂废尾矿库应进行复垦或绿化。尾矿粉可用作地下采矿的建筑材料、混凝土掺合料和充填材料。

2. 高炉渣、化铁炉渣的处理与综合利用

(1) 高炉渣除少量特殊渣（如放射性渣）外，应综合处理利用。

(2) 高炉渣应尽量产生水渣，少排放干渣。水渣的综合利用主要是用作水泥混合料，也可根据需要用作其他建筑材料。

(3) 高炉渣水淬工艺采用沉淀过滤法和高炉前转鼓法，逐步淘汰泡渣法。

(4) 高炉水冲渣的渣水比一般为1∶10（鼓式法可降低），冲渣沟的坡度应保持在3.5%，冲渣水应循环利用。水冲渣系统应配备必要的防爆设施和排汽筒。沉淀过滤法应配备反冲洗装置。事故水塔应安装在大型高炉内，保证5 min的供水。

(5) 高炉渣也可用于生产少量膨胀渣珠或吹制渣棉作为建筑轻集料或保

温材料。但是，在生产中应控制渣棉和噪声污染。

(6) 高炉渣处理应配备破碎和筛选设施。各种规格的重矿渣经破碎、筛分后可作为混凝土骨料和建筑材料。

(7) 电石渣一般采用炉前水淬法处理，其处理工艺与高炉渣水淬基本相同。

3. 钢渣的处理与综合利用

钢渣的处置应根据各种钢渣的理化性质、综合利用方式和工厂的具体情况，按以下程序对各种方法进行取舍组合，以达到排渣快速、运输方便、经济合理的目的。

(1) 钢渣预处理工序。钢渣预处理可采用以下方法。

1) 热泼涂。适用于转炉渣、平炉渣、电炉氧化渣的处理。

2) 水淬法。适用于流动性较好的转炉渣、平炉渣、电炉还原渣。为了保证安全生产，必须控制足够的渣水比和水嘴处的水压。

3) 热焖法。适用于中小钢厂含 5% 以上游离氧化钙的转炉渣。热焖方法有堆焖、锅焖和坑焖，可根据工厂具体情况选择。

4) 自然风化。钢渣堆放在渣场自然冷却风化。由于占地面积大，使用起来很困难。今后应逐步淘汰（电炉还原渣除外）。

(2) 钢渣破碎、磁选、筛分工序。本工艺是将冷固渣块破碎，选用废钢，筛成所需规格的渣，可选用以下系统。

1) 落锤破碎法。适用于破碎大型冷固渣，如渣壳、注余渣坨、大块夹渣钢等。

2) 钢渣自磨、磁选、筛分流程。以自磨机、磁选机、振动筛为主要系统。

3) 钢渣破碎、磁选、筛分流程。粗碎采用颚式破碎机，中细破采用圆锥破碎机，磁选机、振动筛为主要系统。

(3) 渣钢精加工工序。为使提纯磁选出的渣钢供电炉炼钢，可以建立以磨矿设备为主体的精加工系统。

(4) 钢渣陈化工序。对有游离氧化钙要求的钢渣进行堆存陈化处理，使游离氧化钙充分消解，达到使用标准要求。

钢渣的综合利用应根据企业和地区的实际情况进行。首先应考虑钢材的内部使用，以充分回收利用钢渣中的金属及其他有用成分，其次考虑用于水泥、道路建设、工程回填、建材、农业肥料等。

4. 铁合金渣的处理与综合利用

铁合金产品种类繁多，生产工艺不同。铁合金渣的处理工艺应根据综合利用方式、产品类型和冶炼工艺合理选择。铁合金渣的处理主要分为干渣处理、水淬处理和有毒渣处理。例如，高炉锰铁渣、含锰量低（Mn≤15%）的碳素锰铁渣、中低碳锰铁渣、硅锰合金渣、磷铁渣采用水淬法处理。铬浸出渣和五氧化二钒浸出渣按有毒渣处理。其他铁合金渣可用干渣处理。

（1）铁合金干渣处理工艺。

1）人工破碎和分拣法。适用于各种硅铁渣、硅铬合金渣、中碳铬铁渣等。

2）渣盘凝固及机械破碎法。适用于高碳锰铁渣、钨铁渣、金属铬冶炼渣、钛铁渣等。

3）渣盘凝固自粉法。适用于低碳铬铁渣，钒钛冶炼渣，中、低碳锰铁渣等。

4）渣盘凝固、干渣堆放法。适用于钼铁渣、碳铬铁渣等。

（2）铁合金渣水淬处理工艺。

1）炉前水淬粒化法。适用于中小铁合金电渣、锰铁高炉渣的应用。

2）倒罐水淬粒化法。适用于大中型铁合金电渣的应用。

（3）有毒铁合金渣处理工艺。

1）对有毒铁合金渣进行无害化处理并综合利用，消除污染，使其无害化、效益化。

2）金属铬浸出渣（含六价铬）可与磷灰石、焦炭配料，经熔融、水淬粒化、粉磨后制成。

3）生产钙镁磷肥，或作为烧结助熔剂、玻璃着色剂。

4）五氧化二钒浸出渣（含五价钒）可与焦粉黏结剂配料，经润磨、制粒、还原焙烧、电炉熔炼等工序生产含钒生铁和一般废渣。

5）如无条件使用有毒铁合金，应经无害化处理后贮存。有毒铁合金渣的贮存必须符合国家有关标准的要求。

5. 含铁尘泥、氧化铁皮等的处理与综合利用

（1）钢铁工业生产过程中烧结粉尘和污泥、高炉瓦斯灰污泥、炼钢烟尘和污泥、轧钢氧化铁皮、原料场等产生的环境粉尘，其含铁量为40%～

50%，应在处理后作为含铁原料利用。

（2）含铁粉尘、污泥等经统一处理后可送原料场或用于烧结。脱水干燥后的污泥含水率应小于15%，北方地区的含水率应较低。

（3）炼钢过程中产生的含铁粉尘和污泥，可用石灰消化、成球、干燥后返回炼钢炉作为熔剂使用。

（4）炼钢应优先使用氧化铁皮，其次是炼铁、烧结添加剂和粉末冶金原料。为便于氧化铁皮的使用，应设置氧化铁皮加工车间进行处理。

（5）不能用作含铁原料的尘泥可用作建筑材料。

（6）含铁尘泥用于烧结炼钢时，应进行必要的化学分析。铅、锌、铬、磷等有害元素含量高时，应采取去除措施，防止其富集影响冶炼生产。上述有害元素可采用直接还原法（如金属化球团法、粒铁法）或预还原球团法去除。

（7）含油渣泥应焚烧，经处理后粒度小于10 mm的铁渣可用于烧结。

（8）炼焦厂回收、精制、污水处理后的废渣、污泥可在选煤车间掺入炼焦煤。

（9）碱性污泥应焚烧。在沉淀池和熄焦除尘装置中收集的焦粉粉末可作为烧结的燃料。

6. 废油、废酸液的处理与综合利用

（1）废油再生处理。轧钢厂的废油（主要是废润滑油和废水处理设施收集的含水废油）应回收利用。大中型钢铁企业应当设置废油再生站，对本企业回收的废油进行再生处理。废油再生通常采用加热分解法。

（2）废酸再生处理。酸洗过程中排出的各种酸液应回收利用，进行再生处理或其他综合利用。废酸液的处理工艺应根据其组成、数量和综合利用的经济效益进行选择。

1）硫酸洗废水处理。硫酸和硫酸亚铁可通过冷凉结晶法、无蒸发冷冻结晶法、真空浓缩结晶法回收，也可采用聚合硫酸铁工艺生产净水剂等。

2）盐酸酸洗废水处理。可以通过喷雾焙烧或流化床回收盐酸和三氧二化铁，也可以用其他方法制备氯化铁。回收的盐酸可用于酸洗，氧化铁可用于生产软磁、硬磁铁氧体或粉末冶金。

3）硝酸-氢氟酸酸洗废水处理。硝酸和氢氟酸可以通过一次减压蒸发法回收。

7. 锅炉、煤气发生炉灰渣等处理与综合利用

(1) 锅炉粉灰煤及炉渣的处理应逐步由“贮存为主”向“使用为主”转变。应考虑灰耗大、工艺简单、投资少和当地需要的项目，如道路施工、烧结砖、混凝土掺合料、粉煤灰硅酸盐水泥和回填工程配料。

(2) 干法除尘收集的粉煤灰应根据其利用情况进行贮存和运输。电除尘器不同电场收集的飞灰应分别收集、贮存和运输。

(3) 煤气发生炉炉渣可用于填坑、筑路、制砖。

(4) 乙炔站的电石渣可作为酸性废水中和剂、水质软化剂或建筑材料使用，并设置必要的储运设施。

1.4.3 钢铁固体废物综合利用发展方向

1. 实施减量化原则，减少固体废物产生量

“减量化、资源化、无害化”三项原则是固体废物污染防治的基本途径和战略，其中实施减量化最为根本。因此，钢铁企业应加大结构调整力度，提高技术水平，加强管理和经营，推行清洁生产，努力降低原材料和燃料消耗，提高资源利用率，采取综合措施。在生产、循环、消耗等方面，从源头上减少固体废物的产生。

2. 实施资源化原则，提高固体废物综合利用率

固体废物应回收利用。在当今资源日益稀缺的情况下，钢铁企业产生的固体废物的处理应以工厂综合利用为基础。一方面，可以缩短固体废物的处理流程，避免二次污染；另一方面，钢铁固体废物可以部分替代铁矿石作为冶炼原料，减轻铁矿石价格高对生产的影响，并有效降低生产成本。生产实践表明，只要固体废物中总铁和碳含量超过50%，含铁固体废物就可用于烧结矿的配矿。其他固体废物可根据其成分的不同合理利用，尽可能提高资源的内部循环利用。

3. 开展深加工处理，提高综合利用的附加值

钢铁企业的固体废物除了自身的回收利用外，对进一步加工更为重要，如将高炉渣和钢渣制成细渣粉和钢渣粉。高炉渣是一种具有潜在水力学和胶凝性能的硅酸盐材料。钢渣的主要矿物成分是硅酸三钙和硅酸二钙。其水化硬化过程和水化产物与硅酸盐水泥熟料相似。根据水渣和钢渣的水工性能和胶凝性能，将水渣和钢渣加工磨成渣粉和钢渣粉，可替代10%～30%的水

泥配制等量的混凝土。这不仅提高了水渣、钢渣综合利用的附加值，而且是实现水渣、钢渣零排放的有效途径。关于水渣、钢渣粉的生产工艺和要求，国家制定了《水泥混凝土用高炉矿渣颗粒粉》(GB/T 18046—2008)和《水泥混凝土用钢渣粉》(GB/T 20491—2006)两项国家标准。

另外，高炉煤气除尘的重质灰可采用浮选和螺旋分离技术进一步处理。分离出的铁粉和碳粉，可优化烧结厂配矿操作，提高中和矿的铁品位；尾泥因其含有一定的热值，可作为制砖原料，实现重力灰的高附加值和高效益使用。在这方面，广西柳钢分灰线在国内处于领先地位，它对铁粉和炭粉进行了充分的分离，实现了对尾泥含炭量的相对定量控制。

1.5 有色金属固体废物处理技术路线

1.5.1 技术路线总则

有色金属工业废物的综合利用，主要是指开发自然资源过程中各种共生或伴生资源的综合利用，冶炼或加工过程中废物的回收利用，以及资源化利用等。有色金属工业产生的固体废物中，有铜、铅、锌、铁、硫、钨、锡等多种元素和一些稀有元素，还有金、银等贵金属。尽管有色金属工业固体废物中这些贵重金属的含量很小，且提取难度大，成本高，但由于此类固体废物产量大，可提取的贵重金属的数量相当可观。这些固体废物的综合利用将带来可观的社会、经济和环境效益。

目前，我国有色金属产量大幅度增长，污染物产量将大幅度增长。但由于采取了多种措施，主要污染物排放基本得到控制，主要污染物排放呈下降趋势。

1.5.2 重有色金属废物处理

由于原料来源、成分和生产方式的不同，重金属冶炼炉渣的成分也有很大的不同。

对重金属冶炼中的无害渣进行综合利用。回收贵重金属成分后，还应综合利用有害渣，实现无渣排放。废渣综合利用途径如下。

(1) 建筑材料的生产。从铜、铅、锌和镍冶炼废渣中回收贵重金属后，剩下的主要是铁化合物。

(2) 铁路道碴和公路路基。20 世纪 60 年代以来，铜鼓风炉水淬渣在我国一直用作铁路道碴。

(3) 矿渣棉生产。矿渣棉是一种良好的隔热、隔音材料。具有耐腐蚀、不燃烧、不发霉的特点。我国用铜渣生产的渣棉板质量很好。

(4) 磨石、铸石生产。

1.5.3 铝工业废物处理

赤泥是铝工业的主要固体废物。赤泥的化学成分复杂，随矿石和氧化铝生产方法的不同而不同。根据放射性强度计算赤泥中的放射性物质。总 α 值为 $3.7\times10^{10}\sim1.1\times10^{11}$ Bq/kg。它不是放射性废物残渣，属于强碱性废物残渣。

根据铝工业固体废物的性质，赤泥主要采用赤泥坝堆存和烧结法生产水泥、保护渣、废料和填充剂，而电解槽的废里衬处理主要包括蒸汽处理、热解、防水堆存等方法和土地填筑法。此外，国内铝业还开展了废槽衬作为水泥生产补充燃料的应用研究，以及废槽衬里作为炼铁炉萤石替代物的应用研究，取得了一定的效果。

1.5.4 稀有金属废物处理

1. 湿法处理

废渣以各种酸、碱为溶剂进行浸出，使贵重金属进入溶液加以回收。

2. 热冶金处理

在冶炼炉中加入还原剂和助熔剂，使废渣熔化，产出金属或合金。

3. 焙烧-湿法处理

废渣先焙烧后湿法处理。实际上，焙烧是湿法处理的预处理。

4. 浮选法

浮选法、还原熔炼法、氨浸出法、氯化法和冶金联合工艺都是处理稀有金属渣的方法。

稀土金属废物中含有放射性物质，必须妥善处理，处理方法包括填埋法、深海废弃法、化学法、固化法和焚烧法。

第2章 烧结焦化废物再生利用技术

钢铁行业烧结炼焦过程产生的废物量不大，但成分复杂，难以回收利用。尤其是焦化废物的回收利用需要进一步发展。

2.1 烧结厂固体废物综合利用

烧结是将各种含铁粉末原料按要求与一定量的燃料和熔剂混合，并加入适量的水分，混匀制粒后布到烧结设备上，在燃料高热和一系列物理化学变化的作用下，矿粉颗粒凝聚成具有一定冶金性能的烧结矿，满足高炉的要求。在一系列烧结工艺工程中，会产生不同程度的粉尘。

2.1.1 烧结厂固体废物来源和特点

1. 烧结厂固体废物来源

烧结厂固体废物主要是粉尘。粉尘细度在5～40 μm之间，机尾粉尘电阻率为5×10^{9}～1.3×10^{10} Ω·cm，总铁含量约为50%。每生产1 t烧结矿，都会产生20～40 kg的粉尘。该粉尘中含有较高的TFeO、CaO、MgO等有益成分，与烧结矿基本相同。

（1）输送机转运点物料破碎、筛分、除尘。带式输送机物料破碎、筛分、输送点采用闭式排风机械除尘系统。收集到的粉尘经收集后，送入料仓集中，再经螺旋输送机或输送带直接排入混合料中利用。

（2）混合料系统除尘。混合料系统产生的粉尘和水蒸气是共生的。干法除尘会造成管道和设备的黏结和堵塞。必须使用湿法除尘器。热返矿初次加水点采用冲激除尘器等高效湿式净化装置。

（3）烧结机粉尘。烧结机的粉尘收集在大烟道内，然后进入集中除尘设备，通过排风机和高烟道排放到大气中。来自大烟道的和除尘的粉尘通过输灰设备进入回矿系统。大烟道内收集的烟气经双层除尘阀从集灰斗排至输送机。大烟道灰尘粗，易堵塞阀门，造成除尘困难。阀门泄漏后，很容易扬尘。因此，采用水封拉链处理烟气，大烟道的集尘管、除尘器的排灰管、小格排灰管均插入水封拉链机槽中，灰尘沉积在水封中，由拉链带出，卸到输送机上运输。

（4）烧结烟气脱硫渣。随着烧结烟气脱硫技术的推广，脱硫渣已成为渣回收中的一个重要问题，但脱硫渣的理论和技术发展仍需进一步研究。

2. 烧结厂固体废物的特点

（1）粒径小，不利于混合料的制粒。大多数灰尘颗粒在 5～40 μm 之间。在烧结混合机中加入大颗粒的铁矿石后，很难与大颗粒的铁矿石黏结，不能达到铁矿粉的粒化效果。

（2）由于粉尘量大、除尘点多，难以连续定量使用，不利于烧结过程中成分、水分、燃料的控制。

（3）粉尘的润湿性差，难以充分润湿和混合。

（4）化学成分偏差大，不利于烧结矿理化指标的稳定。

由于烧结厂固体废弃物粒径小，疏水性强，添加烧结混合料难以直接混合制粒，对烧结过程有不利影响。它不仅会影响烧结产品的质量，提高烧结材料的指标和电耗，还会引起烧结过程中的粉尘循环，影响环境卫生，危害工人的健康。随着烧结粉尘设备档次的提高，粉尘的回收率不断提高。如何减少粉尘的不良影响，充分利用细料资源是烧结厂面临的一个重要问题。

2.1.2 烧结废物的综合利用

1. 除尘灰返回生产利用

（1）参与烧结配料。将粉尘从系统中运出，与矿坑中的一些返矿和赤泥混合，然后将其捞出，运至配料场进行配料。本方案的优点：该批料稳定，粉尘充分湿润，处理过程可以采用赤泥中的水；灰渣颗粒黏附在返矿颗粒表面，防止出现“假球”；此外，还消除了在搅拌机中加入赤泥造成的不稳定因素。其缺点包括加工工艺长、汽车运输量大、加工成本高等。

（2）粉尘混入返矿。粉尘与返矿混合后使用，其缺点是排灰不能连续。这样，烧结生产中的间歇排灰也会对生产的连续性产生影响，不利于生产的稳定。

(3) 球团。烧结粉尘粒径很细，直接制粒困难。加入添加剂后，适合制粒的粉尘含水量范围变宽。随着球团的形成、球团的生长和添加剂的快速凝聚，粉尘形成了具有一定强度的球团。

工艺流程如下：电子称尘后，按比例加入添加剂，经皮带输送至小型混合机混匀加水，然后进入造球盘制粒，制粒后用皮带将粉尘送回配料室。具体工艺流程如图 2-1 所示。

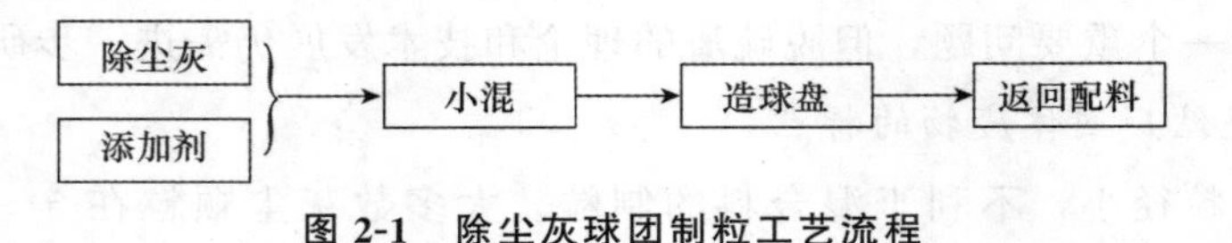

图 2-1　除尘灰球团制粒工艺流程

2. 生产水泥

一般来说，黏土中的铝含量较低。通过对烧结电除尘器粉尘和高炉布袋粉尘的试验，发现原料粉尘含铁量高，可作为铁质校正原料。采用两种粉尘分别替代镍渣和炉渣，立窑生产的水泥完全满足要求。

3. 制颜料

粉尘中氧化铁或氧化亚铁含量较高，是制备氧化铁红色颜料的理想原料。一些大型钢铁企业对铁基颜料中粉尘的利用进行了大量的研究，取得了应用效果。特别是在铁红的制备方面，不仅技术成熟，而且取得了多项专利成果。以粉尘为原料，磁选过程的磁场强度为 400～1 200 kA/m，然后在 457～700℃下烘烤 0.5～2.5 h，将焙砂粉末粉碎成小于 2 μm 的粒径，即得到氧化铁红产品。本产品不仅可以用作油漆和建筑材料的着色剂或添加剂，更适用于作磁性材料的原料。该方法的优点是无酸处理，对环境无污染，工艺流程短，生产成本和设备投资低，产品质量稳定，杂质含量少。

以粉尘为原料制备铁红的方法越来越成熟，产品质量较好。对于其他铁颜料的制备，如铁黄、铁棕、铁黑、铁绿等，报道较少。天津大学对烧结厂粉尘进行了处理，制备了铁红等铁颜料。实验所用粉尘的主要成分为铁、碳和少量的钙、镁、硅等氧化物。将粉尘与铁、碳分离后，用硫酸浸出，可除去粉尘中的钙、硅杂质。滤液分别为 $FeSO_4$ 和 $Fe_2(SO_4)_3$ 混合溶液，此溶液经碱中和或氧化后，可在不同条件下制备铁黄、铁棕、铁黑、铁绿等颜料。铁红颜料也可以在高温煅烧后得到。

4. 生产复合肥料

烧结机头除尘灰是钢铁企业的主要污染源之一。烧结除尘灰的大量积累，不仅浪费了土地、财力和人力，而且形成了环境污染的隐患。利用烧结机头粉尘灰生产复合肥的工艺流程如图 2-2 所示。

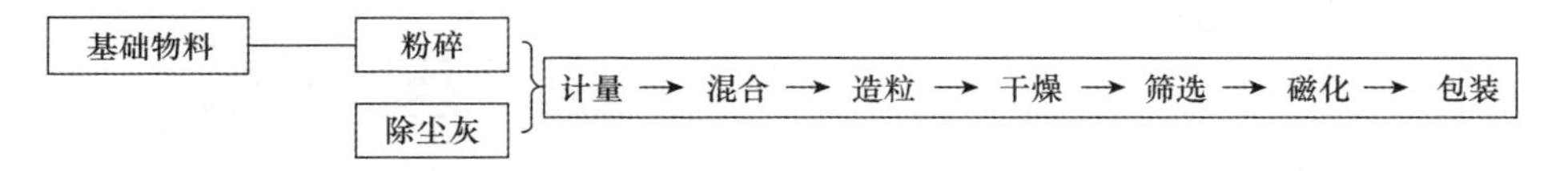

图 2-2 烧结机头除尘灰生产复合肥工艺

(1) 适用于小麦、玉米等作物的复合肥，由除尘灰和碳酸铵、磷酸铵、硫酸钾和黏合剂组成。其总养分含量为 20%。具体比例为 30%除尘灰、18%碳酸钠、21%尿素、13%磷酸铵、16%硫酸钾。复合肥营养成分（质量比）为 $m_N : m_{P_2O_5} : m_{K_2O} = 1 : 0.5 : 0.77$。

(2) 以除尘灰和碳酸铵、磷酸铵、硫酸钾和黏合剂为主要原料制成的适用于马铃薯等蔬菜的复合肥，总营养素含量为 29%。具体配比为除尘灰 25%、碳酸钠 15%、尿素 16%、磷酸铵 16%、硫酸钾 21%。复合肥营养成分比例为 $m_N : m_{P_2O_5} : m_{K_2O} = 1 : 0.8 : 1.2$。

(3) 烧结机头粉尘灰生产氯化钾。烧结机头粉尘灰采用浮选-重选法。经过三次循环使用后，水中的钾盐几乎饱和，用滤布过滤，在约 100 kg 循环水中加入 3.5 kg 甲酰胺，于 80℃下搅拌 2 h，使其充分混合和反应。于 80℃和 700 mmHg（1 mmHg=133.3 Pa）下继续减压脱水浓缩，将浓缩水蒸发约 50%形成固液混合物，室温（25℃）冷却结晶 3 h，采用离心分离器进行固液分离，可得到约 27 kg 的 KCl 产品，滤液进入蒸馏塔，在 90℃下进行蒸馏，回收甲酰胺，蒸馏残液返回硫酸钾合成反应系统，可回收约 90%的甲酰胺。

由离心分离机得到的氯化钾含有约 5%的水。另外，提取氯化钾后，溶液中氯化钠浓度提高，多次循环后将有氯化钠结晶出来。生产中应经常检测，必要时可回收至浮选-重选系统稀释氯化钠浓度，以保证氯化钾的纯度。控制好氯化钠的纯度后，氯化镁也不会影响氯化钾的品质。所得氯化钾纯度约为 93%，氯化钾回收率约为 80%。烧结机头除尘灰生产氯化钾的工艺流程如图 2-3 所示。

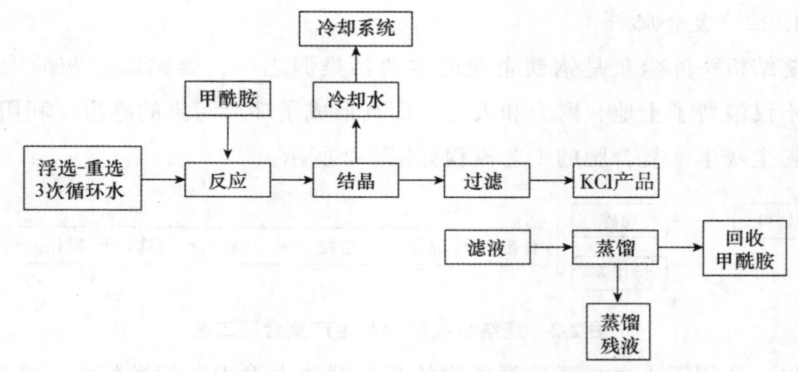

图 2-3 烧结机头除尘灰生产氯化钾工艺流程

2.2 烧结烟气脱硫副产品再生利用

2.2.1 烧结烟气脱硫方法与副产品

根据脱硫产品的干湿形态，烧结烟气脱硫可分为湿法、半干法和干法。湿法包括石灰-石膏法、氨-硫铵法、海水脱硫法和氧化镁法，半干法包括循环流化床法，干法包括密相干塔法、梅罗斯（MEROS）法、增湿灰循环脱硫（NID）法和活性炭法。根据脱硫剂与二氧化硫结合阳离子的不同，烧结烟气脱硫也可分为钙法、氨法和镁法。烧结烟气脱硫方法分类如图 2-4 所示。

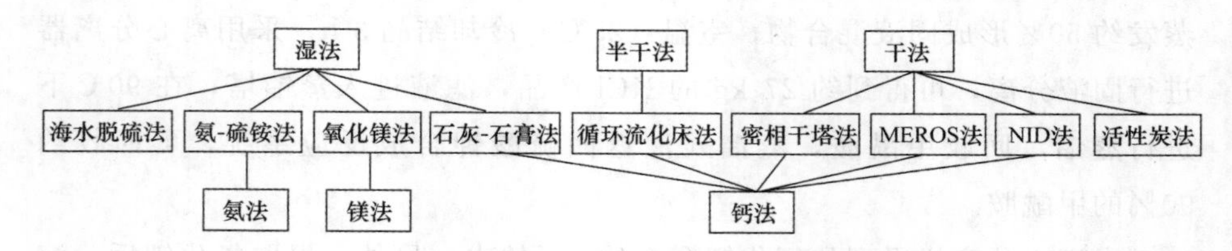

图 2-4 烧结烟气脱硫方法分类

脱硫副产品随脱硫方法的不同而不同。不同脱硫方法的副产品如下。

（1）石灰-石膏脱硫，副产品为石膏。

（2）氨-硫酸铵脱硫，副产品为硫酸铵。

（3）循环流化床脱硫，副产品是亚硫酸钙和硫酸钙的混合干粉。

（4）硫酸镁或亚硫酸镁是氧化镁脱硫的副产品。

（5）浓相干性柱法、梅罗斯法、NID 法脱硫，副产品为硫酸钙和亚硫酸钙混合干粉。

(6) 活性炭吸附脱硫的副产品是硫酸和硫黄。

(7) 海水脱硫法不产生副产品。

从上述脱硫副产品可以看出，需要再生利用的脱硫副产品都是钙法脱硫产生的。

2.2.2 湿法烟气脱硫渣再生利用

1. 烧结烟气特性及脱硫石膏的生成

钢铁工业是高能耗、高排放的重要基础产业。控制烧结机生产过程中的二氧化硫排放和末端的烧结烟气脱硫是钢铁企业污染控制措施的要点。

由于烧结原料矿物组成和烧结工艺的复杂性，烧结烟气具有烟气参数（烟气温度、烟气量、SO_2 浓度等）波动大、烟气温度低、烟尘颗粒细黏、腐蚀性气体含量高等特点，不能复制燃煤电厂的烟气脱硫技术。

在烧结烟气脱硫过程中，烧结烟气经冷却预处理后，通过优化布置的气喷旋冲阵列高速旋冲进入吸收塔浆液区。烟气中的二氧化硫溶解在浆液中，与石灰石反应生成亚硫酸钙，然后氧化生成硫酸钙。浆液经过旋流站和真空带式过滤机，实现了固液分离，得到石膏副产品。

目前，国内烧结烟气脱硫刚刚起步，脱硫石膏将日益增多。控制脱硫石膏的品质，不仅是拓宽其高附加值利用途径的要求，也是节约天然石膏资源、变废为宝的要求。

2. 烧结烟气脱硫石膏质量的影响因素

烧结烟气脱硫石膏能否被利用和资源化取决于石膏的质量，影响石膏质量的主要因素有石灰石品质、浆液 pH 值、浆液过饱和度、强制氧化方式、外排废水水量、脱水系统运行状况、入塔烟气参数等。通过优化设计、运行控制和应急处理等，可以获得良好的石膏晶形、粒径分布和化学成分，从而保证了烧结烟气脱硫石膏的质量。

(1) 石灰石品质。石灰石作为二氧化硫的吸收剂，其纯度、粒径和活性直接影响到石灰石的溶解和浆液反应活性。石灰石纯度越高，粒径越细，活性越高，脱硫石膏的质量越好。考虑到采购成本，脱硫剂石灰石纯度应达到 90%，粒径应小于 250 目，钙硫比应小于 1.03。

当脱硫石膏的质量不够高时，脱硫剂还可以采用水洗石灰石泥饼、石灰制备系统除尘灰等碱性物质。

（2）浆液 pH 值。通过加入石灰石和排出石膏来控制泥浆的 pH 值，这对 SO_2的吸收、石灰石的溶解、亚硫酸钙的氧化和石膏的形成有重要影响。高 pH 值浆液有利于烟气脱硫，但降低了石灰石的利用率，增大了结垢倾向，影响了石膏的质量。低 pH 值浆强化了使石灰石溶解，有利于亚硫酸钙的氧化和石膏晶体的形成，但增大了系统的腐蚀倾向，降低了系统的可靠性和脱硫效率。本脱硫工艺的浆液 pH 值一般控制在 4.5～6.0。

（3）浆液的过饱和度。当浆液中石膏浓度过饱和时，会出现晶束，形成晶种。此时，溶液处于动态平衡状态。新晶种的形成和晶体的生长是同步进行的，只有达到一定密度（1.060～1.085 g/cm^3）才能排出石膏。吸收器的浆液应保持相对过饱和状态，但高过饱和度容易导致结垢倾向。

另外，运行参数（如浆液 pH 值、温度、氧化空气量、搅拌力等）也会影响石膏的结晶过程和晶粒的大小分布，容易形成层状或针状结晶，不利于石膏脱水系统的运行。因此，必须严格控制泥浆中过饱和石膏度，并结合浆液的化学成分，抓住排出石膏浆液的机会。一般来说，浆液的过饱和度应控制在 110％～130％之间。

（4）强制氧化方式。湿法脱硫一般采用两种强制氧化方式，即侧进搅拌与空气喷枪组合式、顶进搅拌和固定管网格栅式。搅拌工艺参数（叶片速度、叶端线速度、搅拌器数量和安装方式、浆液单位体积搅拌功率、叶片类型等）和强制氧化参数（浆液单位体积氧化空气量、喷枪出口速度与安装位置等）的优化配置对确保石膏颗粒悬浮氧化空气分散、亚硫酸钙氧化和石膏晶体的形成起着非常重要的作用。二者匹配不好，会造成塔底石膏沉积、亚硫酸钙氧化受阻、氧化空气利用率低、浆液区易形成混合垢，影响系统脱硫效率和浆液区石膏质量。在工程应用中，氧化空气的供给量一般是理论需氧量的三倍以上，以保证亚硫酸钙完全氧化。

（5）外排废水量。烧结烟气成分复杂，HCl、HF、重金属氧化物和粉尘杂质均进入浆液，影响脱硫石膏的质量，特别是浆液中氯离子浓度过高，不仅腐蚀塔内材质，而且阻碍了脱硫石膏的结晶和生长，导致后续真空带式输送机滤布堵塞，导致石膏含水量过高。因此，通过少量的废水排放塔中氯离子的浓度应控制在 5 000～15 000 mg/L 以下，尽可能保持低的运行值。

（6）脱水系统运行状况。脱水系统的运行状况，如旋流器底流浓度、旋流子性能、带式输送机的真空度、滤布的清洁度、滤布的冲洗水量、滤饼厚度等，直接影响附着物的湿润程度。旋流站工作压力越高，旋流效果越好，旋流器磨损越小，底流浆液密度越高，越有利于真空脱水。当真空泵的真空度过高时，石膏的含水量会增加。此时可适当减小滤饼的厚度或增大出浆密度。为了保证石膏中氯离子含量小于 0.01%，需要实时检查滤布冲洗喷嘴的出水量和出水角度。

3. 烧结烟气脱硫石膏质量的控制措施

（1）优化设计。脱硫工艺设计开始时，必须对吸收塔型、烟气冷却器、烟气入塔方式、强制氧化方案、增压风机系统、除雾器、系统防腐方案进行优化设计，确定合理的浆液浓度。讨论烟气温度参数、废水排放量、浆液 pH 值、脱硫剂质量、强制氧化风量、浆液过饱和度等影响石膏质量的关键参数。在具体设备的选型和详细设计中，不仅要控制投资成本，还要充分考虑烧结烟气的特点，使石膏的质量控制在合理的范围内。

（2）运行控制。为了保证石膏浆液的质量，脱硫系统的运行参数应严密监控、及时调整。需要实时调整的参数有浆液 pH 值、吸收塔液位、浆液排放浓度、氧化空气量、废水排放量、入塔烟气温度和烟尘量、滤饼厚度和冲洗水量。

应注意的是，脱硫装置的在线仪表，如酸碱度计、浆液浓度计、液位计、压力计、热电偶、CEMS 等，需要定期、及时地校准。它们是保证石膏质量的必要手段。同时，应建立化学监测计划，定期对塔排出的浆液和石膏进行化学分析，并及时将结果反馈给操作人员进行参数调整。石膏浆的监测参数包括石膏纯度、碳酸盐含量、亚硫酸盐含量、氯离子含量、pH 值、浆液密度、粒径等。

（3）应急处理。在日常运行过程中，应建立整套脱硫石膏启停、运行及应急处理方案。例如，吸收塔中飞灰、镁、氯、氟等杂质过多富集，可能导致酸碱值异常下降，影响石灰石的溶解。此时需更换塔内部分浆液，增加浆液排出流量。浆液浓度计故障可能是由于探头堵塞、管道堵塞或浓度计位置不当造成的。石膏中亚硫酸钙含量的增加可能是由于氧化系统的问题。石膏颜色变暗可能是由于冲洗水量的突然减少，以及石膏附着水分增加，也有可能是水力旋流器坏了。

4. 脱硫石膏综合利用途径

某厂烧结烟气脱硫技术产业化实践表明，烧结烟气脱硫石膏呈粉红色，蓬松湿润，颗粒形状好，粒径大，分布广，石膏含量大于90%，游离水含量小于10%，如$CaCO_3$、$CaSO_3 \cdot 1/2H_2O$、SiO_2、Fe_2O_3、Cl、F等杂质、放射性元素、重金属含量和浸出毒性符合欧洲石膏标准，在储存、运输、填埋或资源利用过程中不会对周围环境造成不利影响。只要选用合适的干燥煅烧设备，这种脱硫石膏完全能满足建筑石膏粉的要求，广泛应用于水泥、建筑产品等新型建筑材料中。

烧结烟气脱硫石膏经余热干燥后，部分以一定比例加入矿/钢渣粉中，取代水泥或混凝土掺合料，不仅提高了矿粉/钢渣粉的性能，而且消除了采购和运输环节天然石膏的运输成本。部分以低价卖给周边水泥企业作缓凝剂，明显比天然石膏便宜，而且产品质量好。

针对烧结烟气脱硫石膏的质量、天然石膏的丰富性、钢厂周边企业的配套程度以及区域技术经济水平等不同因素，其他钢厂湿法脱硫石膏资源化利用途径也可参考电厂脱硫石膏和天然石膏。

烧结烟气脱硫石膏综合利用具有以下特点。

（1）烧结烟气脱硫石膏与天然石膏的来源、理化特性及杂质含量不同。因此，烧结烟气脱硫石膏的加工工艺和设备有其自身的特点。烧结烟气脱硫石膏经干燥或煅烧后，可替代大部分天然石膏及其制品。随着烧结烟气湿法脱硫装置的运行，脱硫石膏必将越来越多。石膏的综合利用取决于石膏的质量。因此，必须合理控制脱硫石膏的工艺参数，使脱硫石膏具有合理的晶型、粒径分布、品位、洁白度和附着水含量。

（2）脱硫石膏的附着水含量一般在10%左右。如果钢铁厂余热能够充分利用，对脱硫石膏进行烘干预处理，直接供给用户，将有利于集约化生产，促进石膏应用产业的形成，提高石膏资源综合利用的效益。

（3）随着脱硫石膏用量的增加，脱硫石膏的资源利用应遵循散装、简易、就近的原则，如水泥缓凝剂、纸面石膏板等；而高附加值的利用，如建筑石膏、抹灰石膏等，可作为脱硫石膏资源利用的重点设想。

（4）在脱硫石膏的大规模工业应用中，需要克服一些技术问题，如干燥处理、粉磨改性、连续煅烧及过程控制专有技术，脱硫石膏压实造粒及储运技术，还应完善脱硫石膏应用于水泥和建材行业的产品标准，全面衡量综合利用过程的安全性、环保性和经济性。

(5) 烧结烟气脱硫石膏具有巨大的市场机遇，尤其是在石膏资源稀缺的地区。

利用原料生产建筑材料，不仅有利于烟气脱硫技术的推广应用，而且有利于减少脱硫副产品的堆放造成的二次污染和土地占用。政府应制定优惠政策，鼓励和引导部门间的合作，企业应争取政策法规的支持，加强社会化配合，开发适合当地特点的新技术、新工艺，有重点、多层次地进行烧结烟气脱硫石膏的综合利用研究。

2.2.3 干法烟气脱硫灰渣的再生利用

1. 干法烟气脱硫灰渣的理化特性

干法烟气脱硫灰渣是一种平均粒径为 20 μm 或更细的干粉混合物。其粒径分布与普通粉煤灰基本相同。主要由粉煤灰、石灰粉、反应生成的 $CaCO_3$、CaSO、$CaSO_4$ 等钙基化合物，以及 CaO、Ca $(OH)_2$、亚硫酸钙、硫酸钙等不完全吸收剂组成。比率介于(2 ∶ 1)～(3 ∶ 1)之间。$CaCl_2$ 以复合盐[$CaCl_2$，$Ca(OH)_2$]・nH_2O 的形式存在，其吸湿性小于 $CaCl_2$・nH_2O。$CaSO_4$ 和 $CaSO_3$ 是无毒物质，化学性质稳定，不会对环境造成危害。$CaSO_3$ 以半水合物 $CaSO_3$・$1/2H_2O$ 的形式存在，当接触空气和湿气时，半水合物逐渐转化为 $CaSO_4$・H_2O，在 380～410℃ 释放结晶水，在 600℃ 以上分解成 CaO 和 SO_2。

亚硫酸钙具有杀菌和消毒作用。干法脱硫渣中未反应的 CaO 和 Ca $(OH)_2$ 使脱硫渣硬化，与空气中的 CO_2 反应，形成稳定的 $CaCO_3$。脱硫渣的碱度和硬度对防止堆场地下水污染具有重要作用。脱硫渣的碱度使重金属沉淀困难，硬化特性使其难以在炉底堆积。正因为如此，其防渗性能有了很大的提高。

几种干法脱硫灰渣的性质相似。它们都是半水亚硫酸钙和少量硫酸钙与过量石灰和粉煤灰的混合物。另外，在石灰的约束下，煤中微量金属的溶解度很小，所以又称为稳定剂。具体组成根据是否安装预收坐器而有所不同。

电除尘器收集的脱硫灰渣在外观上与普通粉煤灰非常相似。它还具有自由流动和易于逆转的特点。它的堆积密度很低。低粉煤灰含脱硫灰渣的密度约为 700 kg/m^3，灰的堆积密度为 700～1 250 kg/m^3。脱硫塔前设有预除尘器的脱硫灰渣平均粒径为 50μm。脱硫灰渣的颜色比飞灰略浅，通常为米色或灰白色。灰渣的深度随注入吸收器的喷浆量或石灰石浆液浓度和飞灰含量的变化而变化。当浆液浓度增大或浆液体积增大时，就会发生脱硫。灰色较浅。脱硫灰渣的主要成分仍然是硅和铝。与普通粉煤灰（见表 2-1）相比，脱硫灰渣具有以下特点。

表 2-1　典型喷雾干燥脱硫灰渣的化学组分和燃烟煤飞灰的化学组分

主要元素	脱硫灰渣质量分数/（%）			燃烟煤飞灰质量分数/（%）
	A	B	C	
SiO_2	7.9	10.6	8.7	47.1
Al_2O_3	4.7	4.5	4.1	24.8
Fe_2O_3	2.2	4.4	1.9	10.1
MgO	1.9	1.5	1.0	1.6
CaO	37.8	35.6	33.6	4.8
Na_2O	0.3	0.3	0.2	0.9
K_2O	0.4	0.6	0.3	2.6
CO_2	17.0	20.1	10.6	
SO_3^{2-}	30.0	17.4	18.8	
SO_4^{2-}	10.5	7.0	24.6	1.2
Cl^-	2.2	0.9	3.0	<0.1
C（org）	0.2	0.2	0.1	1.0
微量元素/（$\times 10^{-6}$）				
As	5	11	10	110
B	100	115	150	200
Ba	465	270	4 000	1500
Cd	1	3	7	<3
Cr	40	50	34	145
Cu	47	43	46	230
Hg	<1	<1	<1	1
Mn	270	420	170	780
Mo	3	5	<3	22
Ni	32	36	35	170
Pb	28	110	57	205

续表

主要元素	脱硫灰渣质量分数/（%）			燃烟煤飞灰质量分数/（%）
	A	B	C	
Sc	4	5	7	7
V	60	65	70	280
Zn	94	380	130	370

注：1. 脱硫灰渣中活性物质 SiO_2、Al_2O_3 和 Fe_2O_3 之和小于 70%，使灰渣的活性降低。

2. 燃烧损失大，不利于综合利用。

3. 脱硫灰渣吸附大量硫化物，表面不光滑，降低了灰渣的"球轴承"效应。

4. 灰渣中的 SO_3 成分太多，限制了灰渣的使用。

5. 脱硫灰渣中氧化钙和氧化镁的总含量大于 20%～30%，增加了灰渣的活性成分。因此，脱硫灰渣是一种高碱性粉煤灰。根据国家粉煤灰质量指标，脱硫灰渣的理化性能比原灰渣差，给综合利用带来不利影响。但是，加工可以提高脱硫灰渣的质量，提高脱硫灰渣的性能。

2. 干法烟气脱硫灰渣的特点

干法烟气脱硫技术以其投资少、占地少、无废水等优点得到越来越多的企业的认可。

目前，我国大部分干法烟气脱硫灰渣采用填埋处理。这种处理方法不仅占用大量土地，对环境造成二次污染，而且浪费宝贵的废弃物资源。因此，研究干法烟气脱硫渣的资源利用势在必行。

干法烟气脱硫灰渣是干法烟气脱硫的副产品，其主要成分见表 2-2。脱硫渣的 pH 值为 11～13。它的强碱性使重金属难以沉淀。脱硫灰渣中的 CaO 和 $Ca(OH)_2$ 与空气中的 CO_2 反应生成碳酸钙，使脱硫渣变硬。脱硫灰渣的形状为干燥粉末，可通过气力输送或罐车运输。因此，干法烟气脱硫灰渣具有钙含量高、硫含量高、碱度强、自硬性高、粒径细等特点。

表 2-2 干法烟气脱硫灰渣的化学成分的质量分数 单位：%

项目	总钙	$CaSO_3$	$CaSO_4$	总铁	酸不溶物
干法烟气脱硫灰渣	49.238	24.35	19.08	0.0894	0.517

干法烟气脱硫灰渣已在欧洲许多领域得到应用。我国干法烟气脱硫灰渣的应用尚处于起步阶段，对干法烟气脱硫灰渣的综合利用仍有疑问。干法烟气脱硫灰渣中亚硫酸钙含量较高。姚建可等人用纯亚硫酸钙进行了实验。结果表明，亚硫酸钙不具有缓凝作用，说明其缓凝作用主要是由干法烟气脱硫灰渣中的硫酸钙引起的。因此，为了将干法烟气脱硫灰渣应用于灰耗量大的

建材行业，有必要对干法烟气脱硫灰渣进行改性。改性方法包括高温氧化改性、低温催化氧化改性和高湿度改性。

3. 干法烟气脱硫灰渣的改性处理

（1）干法烟气脱硫灰渣的高温氧化改性。亚硫酸钙在自然环境中氧化较慢，但在高温下氧化较快。有学者对亚硫酸钙在不同温度下的氧化速率进行了实验研究。实验结果如图 2-5 所示。

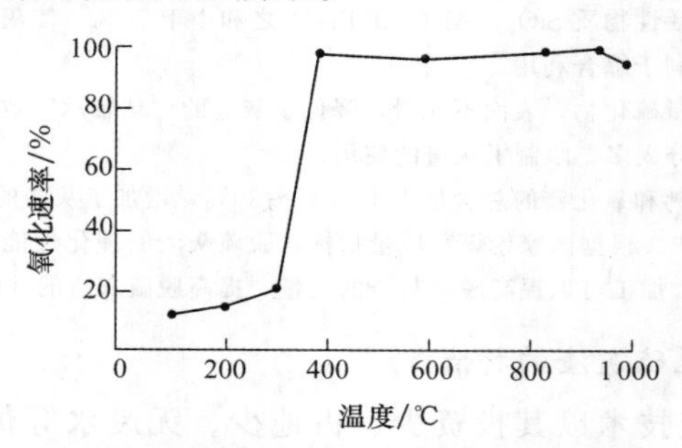

图 2-5 温度对亚硫酸钙氧化速率的影响

从图 2-5 可以看出，亚硫酸钙的氧化速率随温度的升高而迅速增加。当温度超过 400℃时，亚硫酸钙的氧化速率为 97%。随着温度的再升高，亚硫酸钙的氧化速率基本不变。但是，过高的温度会导致亚硫酸钙的分解和二氧化硫的再释放，而且温度的升高也会增加能量。因此，400℃是亚硫酸钙的最佳氧化温度。

（2）亚硫酸钙的低温氧化改性。碳酸钙在干燥、低温环境下非常稳定，不易氧化。在低温下，加入一定量的催化剂可以促进碳酸钙的转化，CHJ-1 的催化效果最为明显。随着催化剂含量的增加，碳酸钙的转化率增大。$CaSO_3$ 氧化的主要因素是温度，$CaSO_3$ 的转化率随温度的升高而提高，$CaSO_3$ 的催化氧化过程中有三个阶段，即快速反应阶段、缓慢反应阶段和稳定阶段，这与样品中 $CaSO_3$ 的浓度有关。随着反应的进行，亚硫酸盐的浓度降低，氧化过程变得越来越慢。国内少数学者对碳酸钙的低温氧化转化进行了研究。结果表明，湿度、氧浓度和催化剂对碳酸钙的低温氧化转化起着决定性的作用。因此，寻找经济合理的氧化转化条件和廉价高效的催化剂是该领域的主要研究方向。

（3）亚硫酸钙增湿改性。干法烟气脱硫灰渣在室外露天环境下放置在试验盘上进行增湿改性。水灰比为 0.35。将改性后的脱硫渣分别干法烟气脱硫灰渣置放 15d、30d 和 90d。试验结果表明，亚硫酸钙在 15d 内氧化率达到 11.2%，30d 转化率达到 14.6%，90d 转化率达到 19.96%。随着时间的延长，转化率达到一定数值后不再发生变化。其原因是当反应达到一定程度时，氧化硫酸钙覆盖未反应的亚硫酸钙表面，反应速率受扩散控制。

4. 干法烟气脱硫灰渣的综合利用

(1) 在建筑行业的应用。氧化干法烟气脱硫灰渣的主要矿物是硫酸钙，其应用与湿法脱硫渣基本相同，可广泛应用于建材行业。表 2-3 为氧化干法烟气脱硫灰渣作为水泥缓凝剂的试验结果。

表 2-3 氧化后的干法烟气脱硫灰渣对硅酸盐水泥性能影响的实验结果

编号	配合比/（%）			安定性	流动度/mm	凝结时间 h/min		抗压强度/MPa		抗折强度/MPa	
	硅酸盐水泥熟料	石膏	氧化干法烟气脱硫灰渣			初凝	终凝	3d	28d	3d	28d
C10	100	0		合格				13.5	34.5	3.0	6.1
C11	95	5		合格	223	3∶30	4∶45	16.2	52.7	3.8	9.0
C12	97		3	合格	210	2∶26	3∶50	13.8	50.5	4.2	8.1
C13	95		5	合格	214	3∶20	4∶39	15.3	52.7	3.7	8.2

表 2-3 结果表明，氧化干法烟气脱硫灰渣可作为水泥缓凝剂，将其掺入水泥后水泥的各项性能指标均合格。

(2) 干法烟气脱硫灰渣治理酸性废水。由于干法烟气脱硫灰渣的主要成分是 $CaSO_3$、$CaSO_4$、$Ca(OH)_2$ 和 CaO，水溶液的 pH 值约为 12.8。

为了降低酸性废水处理成本，马钢集团设计研究院根据干法烟气脱硫灰渣的基本特性和酸碱中和原理，研究了用干法烟气脱硫灰渣代替石灰和酸性水的可行性，探索了干法烟气脱硫灰渣综合利用的新途径。所有干法烟气脱硫灰渣均取自福建三明钢铁厂采用的半干法烟气脱硫灰渣和马鞍山钢铁公司南山铁矿酸性水车间的酸性水，试验结果表明，利用其碱性特性是可行的。以干法烟气脱硫灰渣代替石灰作为中和剂处理酸性水，马钢南山铁矿年酸水处理能力达到了 $2\times10^6 m^3$，可节约石灰约 1.7×10^4 t，降低了生产成本。

(3) 干法烟气脱硫灰渣在农业上的利用。钾长石粉碎成 200 目，与干法烟气脱硫灰渣和添加剂按一定比例混合。混合物在球磨机中研磨，在干燥窑中均匀干燥，然后放入焙烧炉中不断地焙烧。固相反应完成后，快速骤冷。焙烧后的产品再次干磨、造粒，生产出理想的钾、钙、硅、镁、硫肥料。这样生产的钾、钙、硅、镁、硫肥料不会对土壤造成二次污染，特别是重金属污染，焙烧过程中也不会产生二氧化硫等有害气体污染。

(4) 用干法烟气脱硫灰渣制作陶瓷。以干法烟气脱硫灰渣和钙质废石粉为原料制备陶瓷。干法烟气脱硫灰渣直接掺入陶瓷中，二氧化硫的逸放率可达77%。将钙质废石粉与干法烟气脱硫灰渣混合，表面施釉，可使烧结温度由1 100℃降至1 050℃，保温时间由2 h缩短到1 h，二氧化硫逸放率控制在30%以下。$CaAl_2Si_2O_8$ 和 $CaSO_4$ 是烧结陶瓷制品中钙的主要形态，制品性能合格。

2.3 焦化固体废物再生利用

焦化是煤化工的应用技术，属于高温炭化领域。炼焦化学工业通常称为炼焦，其主要产品是焦炭，可获得氮、苯芳烃产品和焦油精制产品等化工产品。

炼焦生产是用几种洗选后的焦煤生产焦炭，按一定比例配合多种原料，然后将其粉碎成规定的细度，计量后装入炼焦炉。经过16～24 h的高温干馏（根据不同炉型和工艺要求），得到焦炭。焦炭经规定的筛分，筛成不同的粒度，用于炼铁高炉、铁合金电炉、铸造、气化、铁精矿烧结等。

焦化过程中产生的废气经冷却净化后，用于民用或工业和化学合成。目前国内天然气净化工艺大致如下。

荒煤气在焦煤桥管和集气管内循环喷氨水冷却，再经初冷器和电捕焦油器回收粗焦油。粗焦油经鼓风机压送，顺序通过饱和器（或水洗涤塔）脱除氨，硫化氢和氰化氢经脱硫塔脱除。苯族烃从最终冷却器和洗苯塔中除去后，净煤气被输送到输气管网。在气体净化过程中，可以得到硫酸铵（或浓氨水）、粗苯（或轻苯、重苯）和脱硫产品（不同工艺有不同的产品，如单质硫、硫氰酸钠等）。

煤焦油经过精制，可生产萘、酚类、沥青等产品。粗苯经精制后生产苯、甲苯、二甲苯、溶剂油和古马隆原料。

煤尘、焦尘、焦油渣、酸焦油、洗油再生器、黑萘、吹苯渣、黄血盐铁渣、生化剩余污泥、酚和吡啶精制渣、脱硫渣和煤气发生炉煤焦油以及焦油渣等固体、半固体和硫态废物，在焦炭生产、化学产品精制和煤气净化过程中会发生。这些废物大多含有有毒和易燃物质，因此必须加以处理。这些废物大多属于烃类高分子聚合物，经过适当的加工，可以分离出一些有用的产品，也可以制备不同用途的燃料油，或者将其回收成原煤炼焦。由于炼焦技术人员充分认识到，随意丢弃这些废物会对环境造成严重污染，回收利用可以产生一定的经济效益，所以除极少量的不可用废物外，其他废物基本上都被回收利用，不会对环境造成明显危害。

炼焦、煤气净化的主要工艺流程及各种废物的产生点如图 2-6 所示。

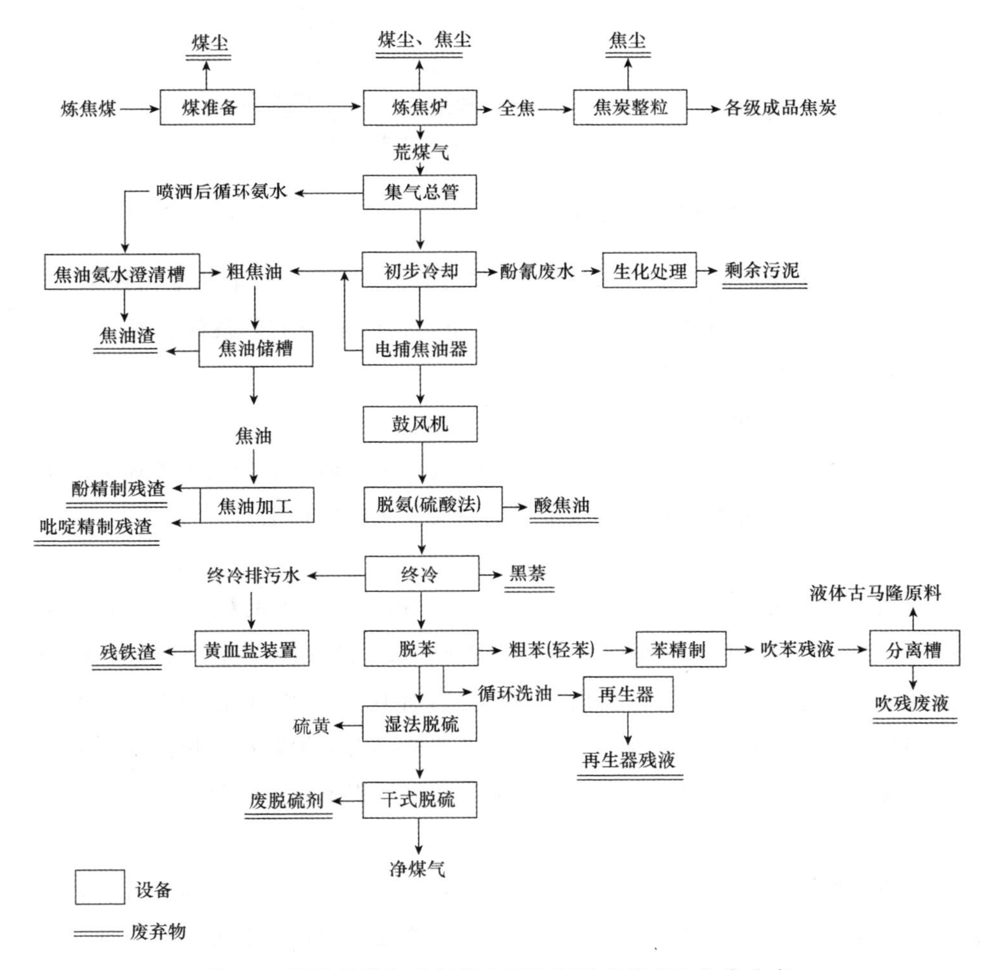

图 2-6 炼焦及煤气净化的主要流程及各类废弃物发生点

煤气发生炉是采用固定床旋转炉篦气化工艺，以烟煤、无烟煤或焦炭为燃料，生产可燃性气的气源炉，全国约有上千台。固体燃料从发生炉的上部加入，空气和蒸汽从底部排出。通过反应，产生了以一氧化碳为主，含有少量氢气的可燃组分，称为发生炉煤气。根据所用固体燃料的性质，生产气体的热值一般在 4 600 kJ/m³ 和 5 850 kJ/m³ 之间。以烟煤为燃料生产冷煤气时，除产生灰渣外，还会产生一定量的焦渣、焦油等有害废弃物。其生产工艺相对简单，如图 2-7 所示。

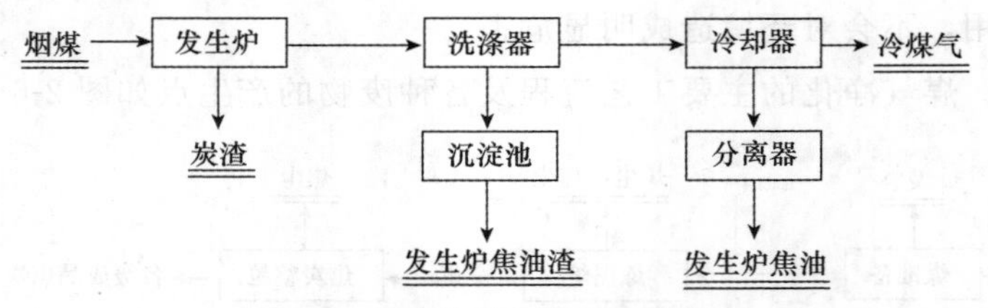

图 2-7　发生炉煤气生产工艺流程

2.3.1　废物的来源和性质

焦炭化工生产是一个过程长、加工工序多的过程，产生的废物种类多、数量少。不同单元的各类废物性质大致相同，但由于工艺条件和操作的不同，其数量可能会有很大的差异。

1. 煤尘及焦尘

在炼焦煤和焦炭的运输、破碎和筛分过程中，通过干袋或水幕捕集系统收集扬尘，得到由单一的煤或焦粉组成的煤尘或焦炭粉尘。

2. 焦油渣

循环氨水喷洒荒煤气后，煤尘、游离碳和冷凝下来的粗焦油进入澄清槽。煤尘或游离碳的粗颗粒沉积在澄清槽底部，可以机械或直接排放，称为焦油渣。高速离心机可以分离出不易沉淀的细小颗粒，但目前国内大多数装置都没有采用这种方法。因此，未能在澄清槽排出的细颗粒与粗焦油一起送入储罐，经过一段时间的储存，它们逐渐沉淀和积累，形成焦油残渣，需要定期用人工清洁。

通常情况下，每生产 1×10^4 t 的焦炭会产生 20～30 t 的焦油残渣。为了减少装煤过程中的烟尘外逸，使用高压氨水喷射消烟，会增加焦油渣量。如果高压氨水压力使用不当，不仅焦油残渣量增加过多，而且很难分离。

焦油残渣是煤颗粒和游离碳的混合物，包裹着一定量的焦油和氨水。一般含水量8%～15%，挥发分约 60%。在储存过程中，水逐渐渗出。当气温较高时，沥青会渗漏，污染地表、地下水和环境。必须放置在铁容器或水泥地面上，并设置围栏和污水收集装置。

3. 饱和器酸焦油（硫铵酸焦油）

原料气在饱和器中与硫酸溶液接触，氨被吸收形成硫酸铵。当工艺条件不完善或操作不当时，废气中的焦油不能有效去除，而是与硫酸反应生成一种暗褐色的黏性物质，称为饱和器酸焦油。目前，国内大多数焦化厂每生产 1×10^4 t 焦炭产出的酸焦油约 2～5 t，随着工艺操作的改进，酸焦油的含量也可降低到微量。

经澄清后的酸焦油中焦油含量为 2%～3%，酸度为 1%～2%。它几乎不溶于水。一般成分为甲苯不溶物，占 50%～70%，灰分占 5%～10%。苯类、萘类、蒽类、酚类、硫类等芳香族化合物也较多，平均分子量可达 300 以上，随生产条件的变化而变化较大。

4. 洗油再生器残渣

在回收过程中，洗油用于吸收气体中苯的比例逐渐增大，黏度增大，苯吸收效率降低。因此，应提取一定比例的洗油并送至再生器。再生过程中，释放出分子量较大的物质，即再生器残渣。

再生器残留物为黑色固体（半固体）不定形物，外观与中温沥青相似。300℃前的馏出量为 20%～40%，属于高分子环状物，具有硫、氮等杂环。再生器残渣量随原洗油质量、气体净化程度和再生器运行条件的不同而变化较大。

5. 黑萘

如果荒煤气中的萘蒸气不能在初步冷却器中完全除去，则在水洗萘工艺或直接终冷塔中将变为棕黑色悬浮泡沫从水中排出。需要通过机械或手动方式与水分离，其主要成分是萘，含有多环和杂环物质。黑萘的数量随工艺设备和操作的不同而不同。如果萘被油清洗或气体初冷良好，则不会出现黑萘。

6. 苯精制酸焦油（精苯酸焦油）

为了去除粗苯（轻苯）中的不饱和烃等杂环类物质，目前国内除宝钢采用加氢处理外，均采用硫酸洗涤法。

93%硫酸和粗苯（轻苯）初馏得到的混合物中的不饱和物质和杂环物质（主要是硫化物）生成结构非常复杂的树脂类物质，即苯精制酸焦油。酸焦油含有10%～25%的硫酸和10%～30%的苯族烃。酸焦油的量随粗苯洗后的质量而变化，一般为粗苯处理后的3%～5%。

7. 苯精制吹苯残渣、吹残废液

苯族烃混合物经硫酸洗涤后送至吹苯塔进行蒸汽蒸吹。对蒸吹产生的气相组分进行分馏、精馏，得到苯、甲苯、二甲苯等产品。从吹苯塔底部排出的残渣称为吹苯残渣。它是聚合物、溶剂油、各种有机盐和无机盐等的混合物，产率为轻苯的3%～4%。

由于相对密度不同，形成了界面不清的上下层，各占50%左右，上层相对密度约为1.05。剩余部分称为吹残废液，其中聚合物含量可达40%～60%，有强烈的刺激性气味。

8. 生产黄色盐残铁渣

将终冷水中的氰化物用蒸汽蒸出，在充满铁刨花的塔中与氢氧化钠溶液反应生成黄血盐钠。铁刨花在反应中被腐蚀，需要定期清洗和更换。除未反应的铁、木、棉纱等杂质外，还有少量普鲁士蓝等硫化物。残铁渣的数量随原始铁刨花的质量（形状）和杂质含量而变化。

9. 生化剩余污泥

焦化酚氰废水通常采用生化法处理。活性污泥在降解苯酚、氰化物等有机物的过程中，自身也在生长和代谢。它定期排出多余的污泥，称为剩余污泥。污泥中含有有机物、细菌、原生动物和重金属离子，在微生物的作用下，极易氧化、分解和发臭。剩余污泥量随污水处理量、废水中苯酚和氰化物等的量及运行情况等而变化。

10. 酚和吡啶精制残渣

炼焦油蒸馏馏分中的粗酚以及回收的粗吡啶、精制过程中残留在釜底部的酚残渣和吡啶残渣，即是酚、吡啶精炼残渣，它们分别含有含氧或氮聚合物，聚合物呈黑褐色，有刺激气味，有腐蚀性。

当生产1×10^6 t焦炭得到的焦油中的酚、吡啶全部精制处理时，约有几十吨残渣。

11. 氢氧化铁干法脱硫废渣

氢氧化铁干法脱硫适用于焦煤气净化程度要求高于较小煤气处理量。脱硫剂是将木屑（疏松剂）和熟石灰按一定比例与天然沼铁矿、人工氧化铁、颜料厂和硫酸厂的下脚铁泥混合制成的。脱硫箱内脱硫剂由于反应生成的硫不断沉积和焦油雾等杂质使脱硫剂结块，需要定期再生或更换。一般新型脱硫剂使用半年左右，再生后可使用约 3 个月。脱硫剂可使用一次或回收1～2次后再丢弃。

脱硫废渣是硫化铁、硫化亚铁、硫、氢氧化铁和硫化钙的混合物。

处理 1 000m^3/h 的煤气流量，需要 45 t 左右的脱硫剂，脱硫剂的使用周期根据原煤气中硫化氢的浓度、焦油雾的含量以及脱硫剂的活性而不同。

12. 发生炉煤焦油、焦油渣

以烟煤为燃料的煤气生产的低温重焦油主要成分是烷烃，以及一些环烃、杂环烃等有毒有害物质。根据所用煤的挥发性成分含量和发生器的运行条件，其产率约为气化用煤的 1%～3%。

随着煤的添加、煤料下落等作用，一些煤尘随着煤气逸出，在煤气洗涤、冷却后进入洗气水，通过沉淀池分离出裹有焦油的煤尘颗粒，成为焦油残渣。发生量随所用煤的粒度组成、热稳定性和运行条件而变化，一般约占气化煤量的 4%。

2.3.2 废物综合利用技术

焦化生产过程中发生的废物以碳类固（流）态废弃物为主，对其最简易的处置方法就是返回原料煤，经混合后装炉炼焦。可以用各类装载车直接向煤场倾倒；可用特别设计的污泥添加装置，将废弃物均匀地加到输送皮带上；某些适合用泵输送的，也可用泵喷洒在输煤皮带上。

第3章 炼铁废渣再生利用技术

高炉废渣是由矿石中的脉石、燃料中的灰分、助熔剂中的非挥发性成分和其他不能进入生铁的杂质组成的易熔混合物，它又称铁渣，是冶金工业中产量最大的一种废渣。根据我国目前的矿石品位和冶炼水平，每冶炼1 t铁平均产生0.3～0.6t的高炉废渣，而在西方工业发达国家，每吨铁产生0.27 t的高炉矿渣。随着我国钢铁工业的快速发展，钢铁产量连续多年位居世界第一，高炉废渣量也非常巨大。

3.1 高炉炼铁废渣的来源和性能

3.1.1 高炉炼铁工艺

1. 高炉炼铁工艺流程

高炉是一个很大的逆流反应器，铁矿石、焦炭、石灰石等从高炉上部装入，预热空气从底部的风口鼓入，在高炉炉料下降的过程中，矿石被风口燃烧带附近的煤气加热和还原，同时软化、收缩、熔化，最后生成铁水和废渣，气体从炉顶排出，铁水从铁口流出。铁矿石中不可还原性杂质与石灰石等熔剂结合形成渣，从渣口排出。产生的气体从炉顶排出，除尘后可作为热风炉、加热炉、焦炉、锅炉等的燃料。现代高炉炼铁工艺流程如图3-1所示。

高炉冶炼过程是一系列复杂的物理、化学过程的总和，包括炉料的挥发分解、氧化铁等物质的还原、生铁和炉渣的形成、燃料的燃烧、热交换以及炉料和煤气的运动。这些过程不是单独发生的，而是在相互制约下并行进行的。高炉冶炼的基本过程是燃料在炉缸风口前燃烧，形成高温还原煤气。煤气不断向上运动，并与不断下降的炉料相互作用，其温度、数量和化学成分逐渐发生变化，最后从炉顶逸出炉外。炉料在不断下降的过程中，由于高温还原性气体的加热和化学作用，炉料的物理形态和化学成分逐渐发生变化，最终在炉膛内形成液态渣铁，并由渣铁口排出。

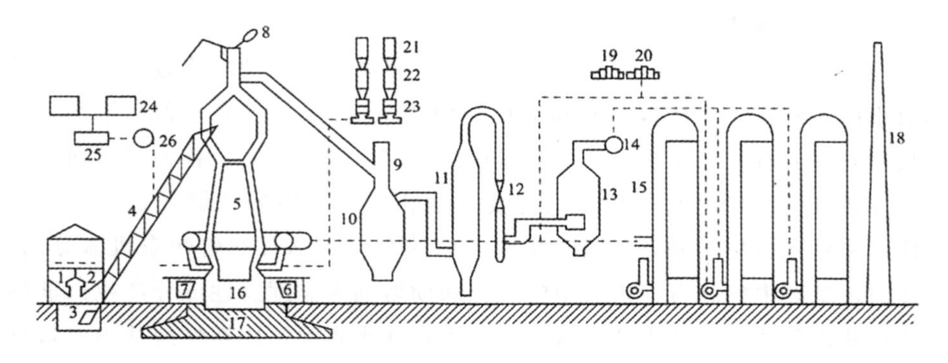

图 3-1 高炉炼铁生产工艺流程

1—储矿槽；2—焦仓；3—料车；4—斜桥；5—高炉本体；6—铁水罐；7—渣罐；8—放散阀；9—切断阀；10—除尘器；11—洗涤塔；12—文氏管；13—脱水器；14—净煤气总管；15—热风炉（三座）；16—炉基基墩；17—炉基基座；18—烟囱；19—蒸汽透平；20—鼓风机；21—煤粉收集罐；22—储煤罐；23—喷吹罐；24—储油罐；25—过滤器；26—加油泵

2. 高炉炼铁物质平衡

某高炉的物质平衡如图 3-2 所示。

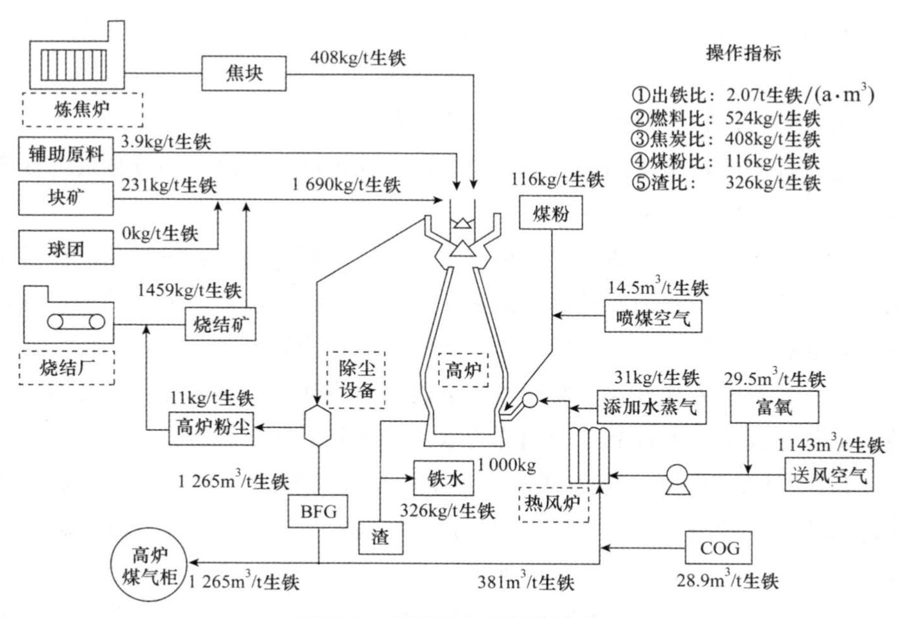

图 3-2 高炉的物质平衡举例

3.1.2 高炉炼铁废渣的来源和分类

1. 高炉废渣的来源

高炉废渣是高炉冶炼过程中产生的废弃物。在高炉冶炼过程中，从炉顶添加铁矿石（碱性烧结矿和酸性球团矿）、燃料（焦炭）和助熔剂（石灰石或白云石）等原料。当炉温度达到 1 300～1 500℃，各种材料通过热交换和氧交换发生复杂化学反应变成液相，矿石中的金属元素（主要是铁）和氧元素化学分离，同时实现还原的金属与脉石的熔融态机械分离。其中，矿石中的脉石、焦炭中的灰分和助熔剂等非挥发性成分产生以硅酸盐和硅铝酸盐为主要成分的熔融物，浮在铁水表面，周期性地从出渣口排出，形成高炉渣。

2. 高炉废渣的分类

高炉废渣的分类主要有三种方法。

（1）按高炉废渣的碱度分类。高炉废渣的碱度或碱性率是废渣主要成分中碱性氧化物与酸性氧化物的含量比，表示为 M_0。那就是：

$$M_0 = [\omega(CaO) + \omega(MgO)]/[\omega(SiO_2) + \omega(Al_2O_3)]$$

按高炉废渣的碱性率可把废渣分为如下三类：

1）碱性废渣。碱性率 $M_0 > 1$ 的高炉渣。

2）中性废渣。碱性率 $M_0 = 1$ 的高炉渣。

3）酸性废渣。碱性率 $M_0 < 1$ 的高炉渣。

这是高炉废渣最常用的一种分类方法，我国高炉废渣大部分接近中性废渣（$M_0 = 0.99 \sim 1.08$）。

（2）按高炉废渣的渣、水分离方式分类。主要有两种：一种是沉淀过滤法，包括渣池式、水力输送沉淀池法、底滤法、拉萨法等；另一种是机械过滤法，包括转鼓过滤器法、轮法、搅笼法、圆盘法等。

（3）按冷却方式分类。常用的熔融高炉渣冷却方式有急冷、半急冷和慢冷共三种，其对应的成品渣分别称为水渣、膨胀渣和重矿渣。

1）急冷处理。水淬是高炉废渣在水中快速冷却的一种方法。高炉废渣冷却后为粒状炉渣。我国 90% 以上的高炉废渣冲成水渣。为了回收高炉废渣的显热，有人开发了风淬干式处理工艺。

2）半急冷处理。高炉废渣在适量水中冲击和成珠设备的配合作用下被甩到空气中，表面快速冷却，内部水蒸发为蒸汽，气体未能排出，通过空气冷却在内部形成孔洞，处理后的高炉废渣称为膨胀渣或膨珠。

3）慢冷处理。废渣在指定的废渣坑或废渣场自然冷却或淋水冷却形成重废渣的方法，称为慢冷处理。废渣经开挖、破碎、磁选和筛分处理后可得到碎石材料。

3.1.3 高炉废渣的性能

1. 高炉废渣的化学性质

（1）化学组成。高炉废渣中的各种氧化物成分以各种形式的硅酸盐和铝酸盐的形式存在，由于矿石品位不同和矿石冶炼方法不同，产出的高炉废渣的化学成分很复杂，一般包含超过 15 种化学成分，和波动幅度较大，但其有四个主要组分，即 CaO、MgO、SiO_2 和 Al_2O_3，它们约占高炉废渣总质量的 95%，Al_2O_3和 SiO_2来自矿石中的脉石和焦炭灰分，CaO 和 MgO 型主要来自助熔剂，高炉废渣就是由这 4 种氧化物组成的硅酸盐和铝酸盐。此外，还含有一定量的 MnO、FeO、K_2O、Na_2O、硫化物等。一些特殊的高炉废渣还含有 TiO_2、V_2O_3、BaO、P_2O_5、Cr_2O_3、Ni_2O_3等成分。我国部分高炉废渣的主要化学成分见表 3-1 和表 3-2。

表 3-1 我国部分高炉废渣主要化学成分的质量分数典型范围单位：%

种 类	主要成分的质量分数				R
	CaO	SiO_2	Al_2O_3	MgO	
炼钢生铁	38～44	30～38	8～15	5～10	1.05～1.20
铸造生铁	37～41	35～40	10～17	2～5	0.95～1.05
硅锰铁	43～45	43～45	8～10	约 2	约 1.0

注：R 主要代表 NaOH、KOH 的质量分数。

表 3-2 我国高炉废渣化学成分的质量分数 单位：%

名称	CaO	SiO_2	Al_2O_3	MgO	MnO	Fe_2O_3	S	TiO_2	V_2O_5	F
普通渣	38～49	26～42	6～17	1～13	0.1～1	0.15～2	0.2～1.5			
高钛渣	23～46	20～35	9～15	2～10	<1		<1	20～29	0.1～0.6	
锰铁渣	28～47	21～37	11～24	2～8	5～23	0.1～1.7	0.3～3			
含氟渣	35～45	22～29	6～8	3～7.8	0.1～0.8	0.15～0.19				7～8

（2）矿物组成。由于原料和冷却方法的不同，高炉废渣的矿物组成也不同。碱性废渣中一般形成硅二酸钙（C_2S）、铝钙黄长石（C_2AS）、钙镁黄长石（C_2MS_2）、钙长石（CAS_2）、硫化钙、镁橄榄石（$MgO \cdot SiO_2$）、硅钙石、硅灰石和尖晶石晶体。在酸性废渣中，主要有甲型硅灰石和钙长石。其中，C_2AS 和 C_2S 活性较好，而 CAS_2 和 CS 活性较差，也就是说，CaO、Al_2O_3 含量高，SiO_2 含量低时活性高，其生成与高炉废渣的冷却速度有关。当迅速冷却时，全部凝结成玻璃体；在缓慢冷却时容易发生（特别是在弱酸性高炉废渣中）结晶矿物相，如黄长石、假硅灰石、辉石和斜长石；橄榄石是锰铁渣中的主要矿物；高铝渣中的主要矿物为铝酸一钙、三铝酸五钙和二铝酸一钙。

高炉废渣的性能不仅取决于化学成分，而且取决于冷却条件。不同的高炉废渣产品在不同的冷却条件下会形成不同的产品，因此不同的高炉废渣产品的性能是完全不同的。

（3）水渣化学成分。生铁冶炼时，水渣是铁矿石的非铁成分、焦炭、喷吹煤灰分等熔化后从高炉中排出，经水冷却处理后的产物。其化学成分见表 3-3。

表 3-3　国内几家钢铁公司水渣化学成分的质量分数　　单位：%

单位	CaO	SiO_2	Al_2O_3	MgO	MnO	Fe_2O_3	S	Ti	K	M
A 钢	38.9	33.92	13.98	6.73	0.26	2.18	0.58			
B 钢	37.56	32.82	12.06	6.53	0.23	1.78	0.46			
C 钢	36.76	33.65	11.69	8.63	0.35	1.38	0.58		1.67	
D 钢	36.75	34.85	11.32	13.22	0.36	1.38	0.58		1.71	1.08
E 钢	40.68	33.58	14.44	7.81	0.32	1.56	0.2	0.5	1.83	1.01
F 钢	35.32	34.91	16.34	10.13		0.81	1.71		1.81	0.89
G 钢	33.26	31.47	12.46	10.99		2.55	1.37	3.21	1.65	1.00

水渣是一种不稳定的化合物，其化学成分大致相同，但其活性波动非常明显。水渣的活性不仅取决于其化学成分，还取决于其结构和形态。经急冷处理后的粒状高炉渣不能及时结晶，处于不稳定状态。因此，大量的无定形活性玻璃晶体或网络结构已经形成，具有很高的活性。碱性水渣矿物相中硅酸二钙在不同温度下有四种变体，即 α、α'、β 和 γ。前三个变体有活性，而 γ 变体无活性，只能在缓慢冷却条件下才能形成。除硅酸二钙外，酸性渣中

的 Al_2O_3 含量高于碱性渣中的 Al_2O_3 含量。在急冷过程中，Al_2O_3 有利于渣中不稳定的玻璃质矿物的形成。碱性渣和酸性渣均具有良好的活性。

水渣活性高低，通过用水渣活性率（M_e）或水渣质量分数（K）表示：

$$M_e=\omega(Al_2O_3)/\omega(SiO_2)$$

$$K=\frac{\omega(CaO)+\omega(MgO)+\omega(Al_2O_3)}{\omega(CaO)+\omega(MgO)}$$

水渣中 MgO 可以降低矿渣黏度，在急冷过程中容易进入玻璃体，有利于水渣的活性，但 MnO 不利于玻璃体的形成，对水渣的活性有不利影响。

（4）重废渣化学成分。重质高炉废渣又称块渣、重渣是高炉渣从高炉中排出后，由渣坑或渣场自然冷却或喷淋冷却而成的坚硬致密的石材。重渣经开采、破碎、筛选处理后可形成不同粒径的分级渣（简称渣砾石）。粒径小于 5 mm 的细颗粒称为渣砂，未经破碎、筛选的称为混合渣。

重渣的性质与其矿物成分密切相关，而矿物成分又取决于重渣的化学成分、熔化温度和冷却条件。重渣的矿物组成与水渣不同。由于许多化学成分在缓慢冷却过程中转变为稳定的晶相，形成的矿物大多没有活性。重渣中含有多晶型硅酸二钙、铁锰硫化物和游离石灰。当其含量较高时，会破坏渣的结构，称为重渣分解。

2. 高炉废渣物理性质

（1）密度。高炉废渣的密度与其形态、类型紧密相关，我国不同高炉废渣的密度值见表 3-4。

表 3-4　不同高炉废渣密度　　单位：t/m²

种类	液态渣	固态渣
普通渣	2.20～2.50	2.30～2.60
含氟渣	2.62～2.75	3.25
含钛渣	3.00～3.20	

（2）水渣的物理性质。高炉渣多为晶块、蜂窝状或棒状，以玻璃为主的细颗粒，淡黄色（少量深绿色晶体），玻璃光泽或丝绢光泽。水渣的易磨性很差。当水渣细度大于 400 m²/kg 时，水渣很难继续粉磨。水渣细度越高，电耗越高。

（3）重渣的物理性质。重渣是指通过挖掘、破碎、磁选、筛分等方法获得的石料废渣。重渣的性质与天然碎石相似。渣碎石的稳定性、坚固性、磨损率和韧性满足工程要求（见表 3-5 和 3-6）。因此，它可以代替碎石用于各种建设项目。

表 3-5　重渣的物理性质（1）

名称	粒度/mm	松装密度/(kg/m^3)	吸水率/(%)	坚固性/(%)	磨耗率/(%)	韧度/(°)
矿渣碎石	5～20	1200～1300	1.25～2.47	0～0.2	25～30	50～70

表 3-6　重矿渣的物理性质（2）

重矿渣组成	体积质量/(g/cm^2)	孔隙率/(%)	吸水率/(%)	抗压强度/Pa	松装密度/(g/cm^3)	稳定性	热稳定性	耐磨性	抗冻性	抗冲击性
密实体	2.5～2.8	7～16	0.5～2	1200～2500	1.15～1.4	绝大部分良好	较天然碎石差	接近石灰岩和砂岩	合格	良好
密实多孔体	1.5～2.4	20～50	1～9	250～1000	0.95～1.15					
多孔体	＜1.5	＞50	＞9	100～200	0.7～1.0					
玻璃体	2.6	13	＜0.1	＞2400	约 1.1					

1）硅酸盐分解。由于硅酸二钙的晶体转变和体积膨胀，当固化后的重渣内部应力超过重渣本身的结合力时，重渣会自动破碎或粉碎，称为硅酸盐分解。因此，含有较多硅酸二钙的重渣不应用作混凝土集料和道路碎石。

2）铁和锰的分解。当重渣中含有 FeS 或 MnS 时，在水的作用下会形成氢氧化物，体积分别增加 38%和 24%，也可以导致碎渣，这就是所谓的铁锰分解。我国重渣中的铁锰分解现象较少。使用前可按《混凝土用高炉重矿渣碎石技术条件》（YBJ 205—2019）的规定进行试验评定。

3）石灰分解。如果重渣中有石灰颗粒，当石灰颗粒被水消化时，也会产生体积膨胀，导致重渣分解，称为石灰分解。当使用重渣时，特别是将它用作混凝土集料时，必须仔细分析和测试。我国标准规定，将重渣碎石样品置于高压釜中，在 2 atm（2.03×10^5 Pa）下蒸压 2h，根据石灰颗粒是否破碎来评估石灰分解的可能性。

（4）膨珠。膨珠，又称膨胀渣珠，将高温渣在流槽中喷水急冷，然后通过高速旋转的转鼓粉碎、抛撒和冷却而形成的。珠子中有气体和化学能。膨胀珠的外部为球形或椭圆形，珠内有微孔。除孔外，其余部分均为玻璃体。表面有一定的光泽，颜色有灰色、棕色或深灰色，颜色越浅，玻璃体含量越高。

膨珠的主要物相为玻璃体，含量为 90%～95%。玻璃体中含有少量的黄长石核晶和硫化物固溶体。气孔占 45%～50%，气孔直径为 20～40 μm。膨珠的级配经常波动。大部分粒径集中在 2.5～5 mm 之间，占膨胀渣重量的 67%～76%。10 mm 以上和 2.5 mm 以下的颗粒较少。由于膨珠是在半急冷作用下形成的，因此在膨珠中含有气体和化学能，具有多孔、质量轻（松装密度为 400～1 200 kg/m^3）和表面光滑的特点。松装密度大于陶粒、浮石等轻集料，颗粒大小不同。强度随体积和质量的增加而增大，自然级配膨珠的强度均匀，大于 3.5 MPa，孔间无连接，无需破碎，可直接用作轻混凝土骨料。它除了具有与水淬渣相同的化学活性外，还具有保温、重量轻、吸水率低、抗压强度高、弹性模量高等优点，是建筑轻集料和水泥生产的良好原料，也可用作防火隔热材料。

3.2 高炉废渣的再生方法

高炉废渣再生处理是高炉废渣综合利用的重要组成部分。只有经过处理，我们才能在下一步充分利用它。按处理方法可分为急冷、半急冷和缓冷三种。主要处理方法及利用途径如图 3-3 所示。在选择相关技术时，应综合考虑技术、投资、系统安全性、环保、渣质、系统运行率、设备维护及占地面积等因素。目前，在国内外生产、应用和研究中，根据冷却介质的不同，高炉废渣的处理工艺可分为水淬造粒工艺、干式造粒工艺和化学造粒工艺。下面将详细介绍各种处理工艺的流程、特点和生产实例的应用。

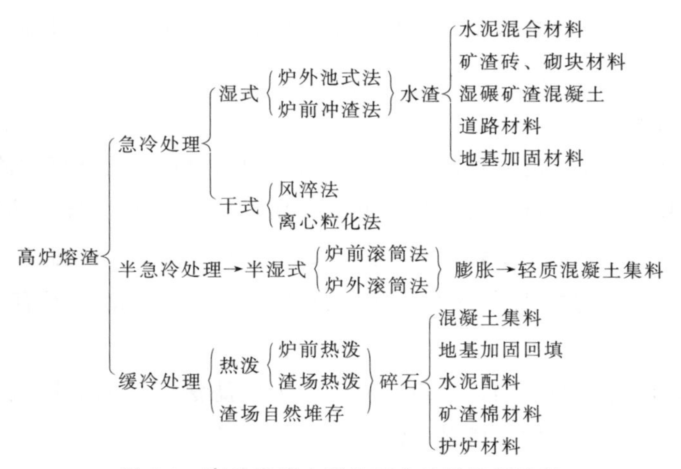

图 3-3 高炉废渣主要处理方法及利用途径

3.2.1 高炉废渣水淬粒化

高炉废渣水淬处理是一种快速冷却水中热熔渣的方法。将高温渣用大量水急冷制粒。在急冷过程中，高炉废渣中的大部分化合物不能形成稳定的化合物。结果，它们保留在玻璃态，只有少数化合物形成稳定的晶体。这种玻璃形式将热能转化为化学能，在活化剂的作用下，这种势能与水结合生成具有水硬性的凝胶材料。它是一种很好的水泥生产原料。从处理工艺的角度来看，国内生产的水渣可分为水泡渣和水冲渣两种。

水淬方法具体包括以下几种。

1. 渣池水淬

渣池水淬是用渣罐将热熔渣从高炉转移到距高炉较远的地方，并将热熔渣倒入水池水淬处理的一种方法。目前国内一些工厂直接将热熔渣倒入池中。水淬后，用吊车将水渣抓起放入堆场装车运输。水淬池就是沉淀池。有人把这种方法称为泡渣。由于热熔渣运输过程中温度损失，表面渣提前凝固，形成灰黑色次生矿物（又称高炉重渣）。罐壁残渣自然冷却，形成富含CaO、SiO_2、FeO_3的灰黑色次生矿物重渣。

该方法具有设备简单可靠、设备损耗小、节水等优点。

该方法的主要缺点是易产生大量的渣棉和硫化氢气体，污染环境。这是因为当高炉的热熔渣从渣罐倒入水中时，突然从1 200℃～1 350℃骤冷到100℃以下，产生大量的蒸汽和气浪，并将热渣抽拉成渣棉，抛到渣池上方，污染环境。渣被水快速冷却，硫化物与水反应生成硫化氢和其他气体，污染大气。

2. 炉前水淬

许多钢铁厂在炉前处理高炉废渣，即在炉前设置一定坡度的渣槽，在炉前渣槽内用高压水进行淬火造粒，并运至沉淀池形成渣。与炉外池法相比，该方法投资少，设备质量轻，运行成本低，有利于高炉及时排渣，缩短渣沟长度，改善高炉前的工作条件。这种方法的缺点是冲渣水没有闭路循环，水、电消耗高。

根据过滤方式的不同，炉前排渣可分为底滤法（炉前渣池式）、水力输送渣池式、拉萨法（搅拌槽泵送法）、印巴法（转鼓法）等。

（1）底滤法（炉前渣池式）。在一些小型高炉中，渣池建在高炉旁边。

渣由渣池沉淀，用抓斗抓出。水通常处于直流模式。

高炉废渣进入冲渣沟后，通过多孔喷嘴将来自造粒头的水喷射出来，渣水混合物通过倒流槽沿冲渣沟进入两台过滤器中的任何一台进行过滤和脱水。

在热水泵的动力作用下，滤池内的水经过滤层和多孔支管进入主管，进入高架冷却塔。冷却水储存在下面的冲渣池中。通过洗渣泵将水从储水池抽至炉前洗渣。一方面洗渣，另一方面过滤，协调运行，闭路循环。

冲渣后，冲渣管闸门关闭，停泵。此时，热水泵没有停止工作。当滤池水位下降到池内工字钢网面以下或稍低时，所有的渣都会露出水面，此时关闭水闸。随后进行清渣。抓渣完成后，启动洗渣泵，相应打开反冲管闸门，使水进入滤池作为下次冲渣的底水，以保护滤层的完整性。当池中的水达到工字钢网以上 1 m 时，停泵，关闭闸门，一次循环完毕等待下一次洗渣，重复上述步骤。

以上冲渣、过滤、反冲洗动作均由水位计发出信号进行联动和人工启动。为了保证水位控制的可靠性，除水位计外，还应设置水位压力表，并进行声光报警。

由于反冲洗所用介质不同，可分为两类：用过滤水反冲洗，俗称底滤法；用加压空气反冲洗，俗称 OCP 法，其工艺流程如图 3-4 所示。

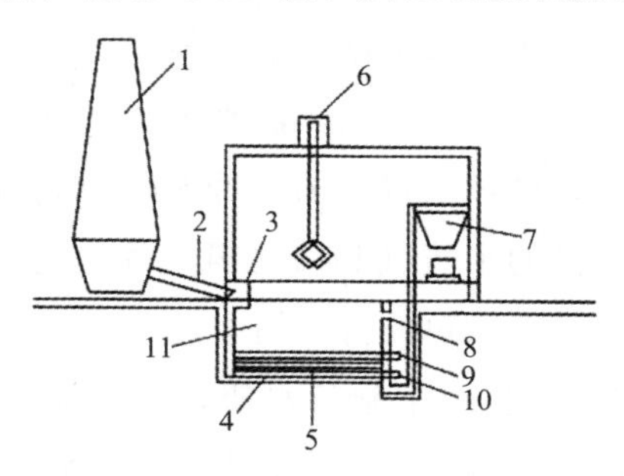

图 3-4　OCP 法水淬工艺示意图

1—高炉；2—冲渣器；3—粒化器；4—保护钢轨；5—OCP 排水系统；6—抓斗吊车；7—储料斗；8—水溢流；9—冲洗空气入口；10—水出口；11—粒化渣

（2）水力输送渣池式。炉前水淬，通过渣沟水力输送至渣池沉淀，用起重机抓取渣，有循环和直流两种供水方式。这种方法在我国高炉中得到了广泛的应用。与前一种方法相比，该方法具有改善炉前运输条件，避免废水污染环境，降低水耗的优点。但问题是冲渣水中浮渣较多，泵磨损严重。鞍钢高炉水力输送渣池工艺流程如图 3-5 所示。

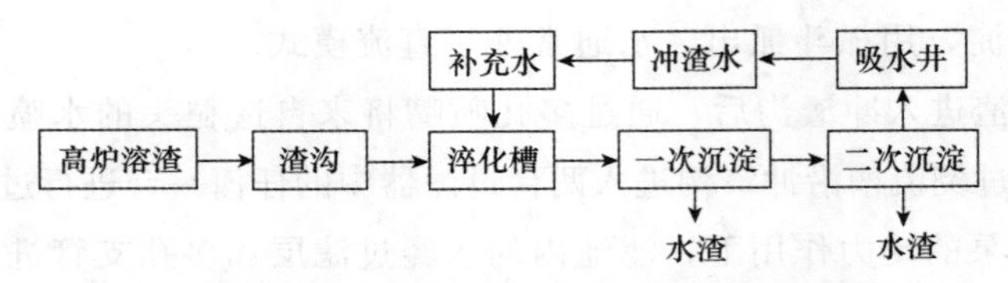

图 3-5　鞍钢水力输送渣池工艺流程

熔渣从渣口流出，经渣沟进入渣槽。渣沟淬火后，渣水混合物经渣沟进入初沉池。大部分熔渣都在这里沉淀。少量细渣随冲渣水进入二沉池沉淀。沉淀后，用抓斗将渣抓出，脱水后运出。二沉池沉淀后的冲渣水进入吸水井，由高压泵重新泵送至炉台淬火装置循环使用。

(3) 拉萨法（搅拌槽泵送法）。拉萨法水冲渣系统是由日本钢管公司和拉萨贸易公司共同开发的。

高炉渣从渣槽流至冲洗槽，喷洒盐水渣，进入颗粒分离槽，在底部沉积粗粒渣，由渣泵送至脱水槽。分离槽上方的浮渣从溢流口流到中间槽。在中间槽下，渣水混合物由渣泵送至沉淀池。经沉淀后，渣水混合物经渣浆泵送至脱水池进行脱水。闸门布置在脱水槽下方，控制水渣的装卸，脱水后的水渣采用汽车运输。

来自脱水池的过滤水也流入沉淀池，渣与来自中间槽的水的混合物由渣泵送至沉淀池。经过沉淀后，水溢出到温水池中。热水由冷却塔泵送入冷却塔，冷却后进入供水池。循环泵将水抽入冲制箱进行冲渣。在排渣过程中，由于排渣冷却，产生大量的水蒸气和硫化氢气体。为了防止污染操作环境，粗粒分离槽上部安装了一个简单的排气筒。

1) 工艺流程。拉萨工艺用于制备水渣，工艺流程如图 3-6 所示。高炉熔渣从渣槽流入造粒机，通过喷水淬火和造粒，先将水和矿渣流进粗粒度的分离槽，再从渣泵到脱水槽进行脱水；浮渣在水面上漂浮，从溢流口流向中间槽，由中间槽泵送至沉淀池，沉淀后由排泥泵送回脱水槽，与粗颗粒分离器送去的渣水混合物一起脱水，脱水后的渣用汽车送输。

经沉淀澄清后，来自脱水池的水和从中间池泵入沉淀池的渣水混合物溢流到温水池，温水池经冷却塔冷却后回用于供水池。为了防止沉淀在池中沉淀，使渣水混合均匀，安装了泵送供水管，并设有搅拌喷嘴。各个槽、池内供应一定压力的搅拌水，并安装自动补充调节装置。渣冷却产生大量的水蒸气和硫化氢气体。为了防止环境污染，在搅拌槽上部安装了排气筒。

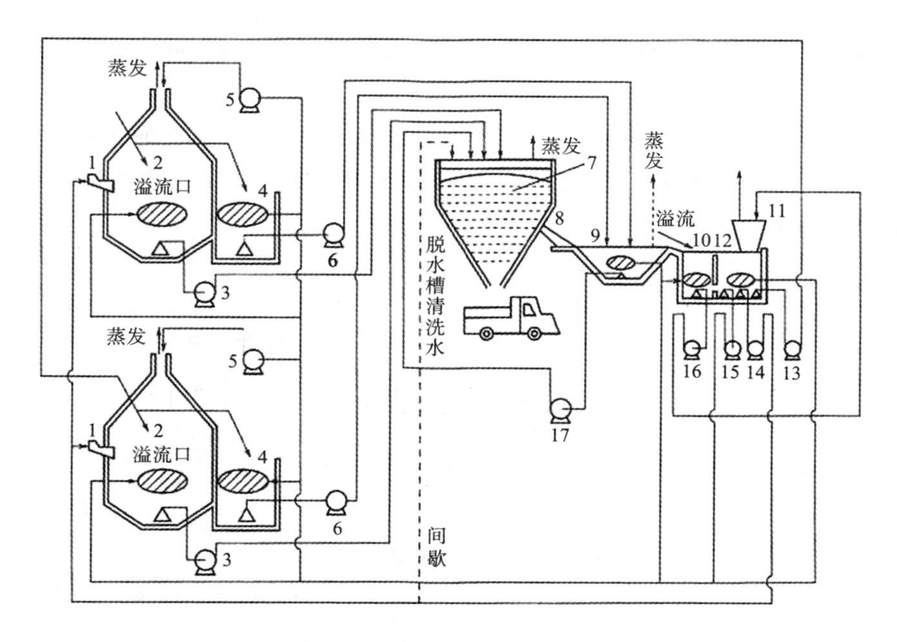

图 3-6 拉萨法水冲渣工艺流程

1—冲制箱；2—粗粒分离槽；3—水渣泵；4—中间槽；5—蒸发放散筒淋洗泵；6—中间泵；7—脱水槽；8—集水槽；9—沉淀池；10—温水池；11—冷却塔；12—供水池；13—水位调整泵；14—供水泵；15—搅拌泵；16—冷却塔泵；17—排泥泵

2）操作条件。拉萨法生产高炉水渣工艺操作条件见表 3-7。

表 3-7 拉萨法生产高炉水渣工艺操作条件

项目	参数	项目	参数
溶渣温度	1 500℃	搅拌水和冲洗水耗水量	10.6 m^3/min
渣水比	1∶1	液面调节水量	1.08 m^3/min
冲渣水温	47℃	补给水量	5 m^3/min
冲渣水压	294 kPa	水渣含水量	15%
冲渣耗水量	10 m^3/t（渣）		

渣的容重为 0.45～0.7 t/m^3，玻璃质含量为 98.5%～99.9%，含水率约为 15%。水渣用于水泥生产。

拉萨法的优点是采用闭环水，占地面积小，渣处理量大，渣运输方便，渣质量好，自动化程度高，管理方便，污染小。

拉萨工艺的缺点是系统复杂，管道长，设备重，投资和建设成本高，渣泵和渣浆管道磨损严重，设备维护和运行成本高。新建大型高炉不再采用拉萨工艺。

日本川崎水岛厂在拉萨法的基础上，取消了中间槽、沉淀池和脱水池的过滤，粗粒化池和脱水池的过滤水直接溢流到热水池中，形成所谓的永田法。工艺流程如图 3-7 所示。

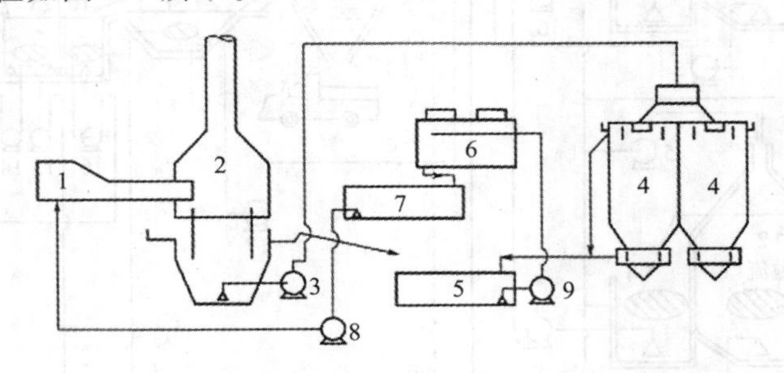

图 3-7　永田法渣处理工艺流程

1—冲制箱及水渣沟；2—水渣槽；3—水渣泵；4—脱水槽；5—温水槽；6—冷却塔；7—冷水槽；8—给水泵；9—冷却

(4) 印巴法（INBA）水淬。印巴法（又称旋转滚筒法）由卢森堡普华永道公司和比利时西德玛公司开发。1981 年在西德玛公司投产。

INBA 工艺流程如下：高炉渣与铁水分离后，经渣沟进入深水粒化箱。渣沟下面是造粒头，它以大约 0.2 MPa 的压力喷射高速水，并斜向下冲击。高温渣流经水淬冷，在粒化箱深水区冷却。粒化箱内的渣水混合物靠自重流入脱水鼓内的渣分配器，渣水混合物沿转鼓轴向均匀分布。分配器下方设有缓冲箱，吸收下落的渣水混合物的势能，防止破破细目滤网。渣水混合物通过缓冲箱落入细目滤网中，在转鼓内形成一层天然的水渣层。这种天然渣层过滤掉循环水中的细渣，使循环水更加洁净。

脱水转鼓为旋转筒，周边配置金属过滤器和金属支撑网。一些带有过滤器的轴向叶片在转鼓中均匀分布。将脱水筒后半部分的水过滤后，用转鼓内托渣网将渣浆提升，旋转时自然脱水。当转向转鼓的上半部分时，水渣落在延伸到转鼓的水渣带式输送机上。水渣胶带输送机将成品渣运至仓库或渣场储存，最终运出。

经脱水转鼓过滤后的洗渣水全部进入热水池，其容积约为 $160m^3$。热水由造粒泵送至粒化箱造粒头，对渣进行冲洗，形成洗渣循环水通道，实现水的循环利用。

INBA 法的优点如下：

1）技术越来越成熟，应用越来越广泛。

2）系统紧凑，占地面积小。系统靠近分接场布置。由于出铁场渣沟的合理布置，一套渣处理系统可以处理两个出铁口的渣。

3）减少环境污染，减少有害蒸汽排放。冲渣过程中产生的有害蒸汽大部分是冷凝的，环境保护条件得到了很大的改善。

4）采用深水造粒工艺可接受渣中的铁。高温渣流被高速水流冲碎，沉入粒化箱深水区。高温细渣用水包裹，形成“水包渣”。如果渣中含有铁，就会形成“水包铁”。水在没有爆炸的情况下会自由膨胀，而熔渣会在深水区迅速形成颗粒。

5）自动化程度高，运行平稳可靠，监控设施完善，操作方便。

INBA 法的缺点如下：

1）高炉渣要求高。炉温应保持稳定，必须严格防止泡沫渣。生铁的最高硅含量不大于 0.8%，即炉温波动、渣流偏大和出现泡沫渣时不能使用该设备。

2）需要设置在渣坑内。

3）作业水平要求高。

INBA 法是将渣水混合物用转鼓脱水、胶带运出的一种方法。目前，可分为三种形式：热 INBA、冷 INBA 和环保 INBA。

热 INBA 是最简单的 INBA 方法，不需要冷却塔。将粒化水加热到接近沸点的温度，形成闭环。炉渣的热损失主要是通过水蒸气的释放来实现的。加冷水只是为了补偿蒸汽的损失。回路平均水温在 90～95℃之间，炉渣与水碰撞点水温在 95℃以上。

热 INBA 矿渣水储存在粒化箱和热水池中，另外还有一个容积约为 200 m^3 的集水池。如果粒化箱、热水池或脱水转鼓有水溢出，则全部溢出进入集水池。在维护热水池和粒化水箱时，所有的水都可以送到水箱中节约用水。集水池的水用作补充水，因此不会对补充水管线产生很大的流量需求。热 INBA 系统只有一种冲渣方式，即只有粒化泵，没有底流泵。

在热 INBA 的基础上，增加一套冷却塔，将冲渣水温降低到 45℃左右，成为冷 INBA 系统。脱水转鼓过滤的渣水全部进入下面的热水池，由冷却泵将热水泵入冷却塔冷却。渣水冷却后进入冷却塔下的冷水池，再由粒化泵泵入粒化箱的造粒头制渣。并在热池底部沉积细渣，通过底部流动泵再将其打回脱水转鼓进行分离。因此，冷 INBA 不仅有粒化泵，还增加了底流泵和冷却泵，但仍然只有一种冲洗渣水的方式，水温下降到 45℃左右可以减少浮渣。

冷水循环设有冷却塔，使粒化温度保持在较低的温度水平。熔渣的热损失主要是通过向粒化水的传热和部分蒸汽的释放来实现的。水蒸气释放的热量取决于制粒温度和瞬时渣流量。当矿渣流量小时，大部分的矿渣热量通过粒化水流失，但当矿渣流量大时，会发生蒸汽散失。与热 INBA 相比，冷 INBA 具有更强的换热能力。

在冷 INBA 的基础上，增加一路冷凝水，利用冷凝水吸收造粒过程中产生的二氧化硫和硫化氢，成为环保 INBA 系统。粒化箱水淬火过程中产生的蒸汽进入冷却塔，冷却塔顶部安装的喷嘴产生微小水颗粒，水喷到蒸汽上，绝大多数的蒸汽冷凝下来，经冷凝回水泵将冷凝水抽送至冷却塔和冲渣水一起冷却，所以环保 INBA 有冲渣水和冷凝水两路水。环保 INBA 配备应急供水。当冲渣过程中出现电源故障时，应急水可用于短时间的冲渣，并由冷凝塔顶部的高位水箱提供。

环保 INBA 水渣处理工艺流程如图 3-8 所示。

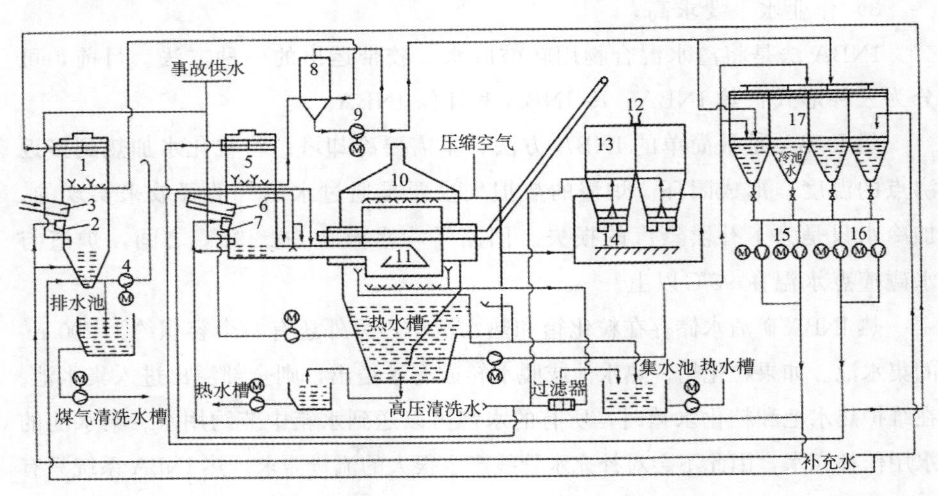

图 3-8　高炉环保 INBA 法水渣处理工艺流程

1—1 号冷凝塔；2—冲制箱；3，6—熔渣沟；4—渣浆泵；5—2 号冷凝塔；7—冲制箱；8—缓冲槽；9—冷凝回收泵；10—脱水转鼓；11—分配器；12—转换溜槽；13—成品槽；14—排料阀；15—粒化泵；16—冷凝泵；17—冷却塔环保 INBA 主要设备包括冲制箱、粒化箱、挡渣内罩、蒸汽冷凝设备、分配器连接管、渣水分配器、脱水转鼓、水渣运输胶带机等。此外，配套设施有热水池、冷却塔、冷水池，补充水系统、事故水系统、清洁水系统、压缩空气系统、液压控制系统、计量测试和控制系统、自动控制系统、事故报警系统和粒化泵、底流泵、冷却泵、冷凝回水泵、冷凝泵、渣浆泵等。

1）冲制箱是用于水淬和粒化的设备。冲制箱是一种常见的钢结构，主要由箱体、喷嘴板和进水口组成。箱体分为三个室，进水口与之相对应。在水渣冲洗过程中，可根据渣量或水量的变化，确定几个室的供水量。陶瓷喷嘴嵌入在喷嘴板上，呈梯形布置。高速水从喷嘴板流出，使渣水淬火、粒化。喷嘴板的孔面积可根据水量和压力参数计算。

由于冲制箱的宽度与渣沟的宽度相等，且渣流较窄，因此在渣沟的造粒过程中仅直接使用部分粒化水。

2）粒化箱是一种用于淬火、造粒和输送渣的装置。安装在粒化箱入口的渣槽和造粒头下方，是渣水淬火造粒的关键设备。粒化箱是一种常见的钢构件，内衬耐磨板。

为了充分利用粒化水，设置了粒化箱。渣从渣沟落下，遇到冲洗槽喷水。粒化水与渣的碰撞点就在粒化箱的水平面上。粒化水粉碎渣流，将渣滴推入粒化箱的水中。此时，渣滴和水不仅与冲洗槽排出的水柱交换，而且与粒化箱中的水交换。冲洗槽水流对粒化箱液位的影响有利于产生湍流，加速渣滴的凝固，缩短凝固时间。

3）挡渣内罩是防止淬火后渣水飞溅的缓冲装置，安装在粒化箱入口。它是一个不锈钢结构，主要由筒体、喷嘴管、检修梯和入孔门组成。

4）蒸汽冷凝设施主要由冷凝装置、冷凝水回收漏斗、泄压阀等设备组成。冷凝装置为管式结构，28 个喷嘴上下相对，冷凝水从喷嘴喷出，形成均匀的水雾冷凝蒸汽。循环漏斗主要收集冷凝回水，为圆形漏斗状。泄压阀是由框架、重锤和防爆门组成的槽内设备保护装置，安装在冷凝塔顶部，重锤可以调整，以生产过程中不冒蒸汽为原则。

5）分配器连接管是进入渣水分配器的水渣的过滤设施。管内镶铸石衬板，管内设有渣浆进口、溢流口、底滤浆进口和防堵冲洗水进口。

6）渣水分配器是将渣水均匀分布并引入脱水转鼓的装置。安装在脱水转鼓内，是一种常见的钢结构。它主要由分配器转鼓体、罩子和前后支撑轮组成。分配器主体为变截面矩形箱形结构。分配器伸入脱水转鼓部分的底部，有若干个出口，出口内衬耐磨陶瓷砖。罩子的设计是为了防止水渣堆积在分配器上，所以具有一定的坡度。通过前后支撑轮将排渣机从转鼓中拉出，便于检修。

7）脱水转鼓是渣水分离设备，也是INBA系统的核心设备。主要由转鼓筒体、支撑结构、内外过滤网、筒内叶片漏斗、驱动及传动装置、轨道等组成。

脱水转鼓筒体由四个托辊支撑在底座上。它不仅保证了脱水转鼓的平稳转动，而且控制了脱水转鼓的轴向位移。胶带机和分配器由筒化内部支撑梁支撑。事故溢流水管安装在筒体两端，脱水转鼓筒体沿圆周方向布置两层金属网。筒体材料为不锈钢。

较薄的内网格用作过滤器，而较厚的外网格用作支撑。脱水转鼓内焊接有多个轴向叶片，并在叶片上安装金属过滤器。当脱水转鼓旋转到上部时，过滤后的渣由叶片排到胶带机上，胶带机伸入脱水转鼓，脱水转鼓过滤后的水进入下面的热水池。

脱水转鼓由液压电机和链轮链条驱动、传动。为了与排渣流量相匹配，自动控制可根据排渣转鼓内的水压和液位自动调整排渣转鼓的转速，调整范围为0.12～1.2 r/min。脱水转鼓链轮采用稀油润滑，自动加油。托轮轴承采用自动增压器干油润滑。为防止滤网堵塞，帮助渣斗卸料，转鼓设有高压清洗喷水装置和压缩空气吹扫装置，对滤网进行连续冲洗。脱水转鼓罩是一种钢结构装置，用于保护过滤网和排出脱水转鼓的残余蒸汽，安装在脱水转鼓两端的支撑座上。

INBA法脱水转鼓的尺寸、过滤水量和处理能力见表3-8。

表3-8　INBA法脱水转鼓的尺寸、过滤水量和处理能力

转鼓尺寸（直径×长）/m	过滤水量/（m^3/h）	转鼓处理能力/（t/min）
3.6×2.0	<600	1
5.0×3.5	1400～1800	7
5.0×5.17	1800～2300	10
5.0×6.25	2400～2800	12
5.0×8.34	3000～3800	14
6.0×8.34	4000～4800	16

脱水转鼓内的胶带机为尾部可移动的输渣机。胶带机的宽度为 1.2 m，速度为 1.6 m/s。为了便于检查和维护，胶带机的脱水滚筒内设有滑轮，胶带机内设有电动卷扬机牵引装置，可折叠拉出和推送胶带机。为了便于操作，胶带机可以带负荷正向或反向旋转。

马钢 1 号高炉（2 500 m^3）采用冷 INBA 法冲制水渣，2 号高炉（2 500 m^3）采用热 INBA 法冲制水渣。工艺流程分别如图 3-9 和图 3-10 所示。

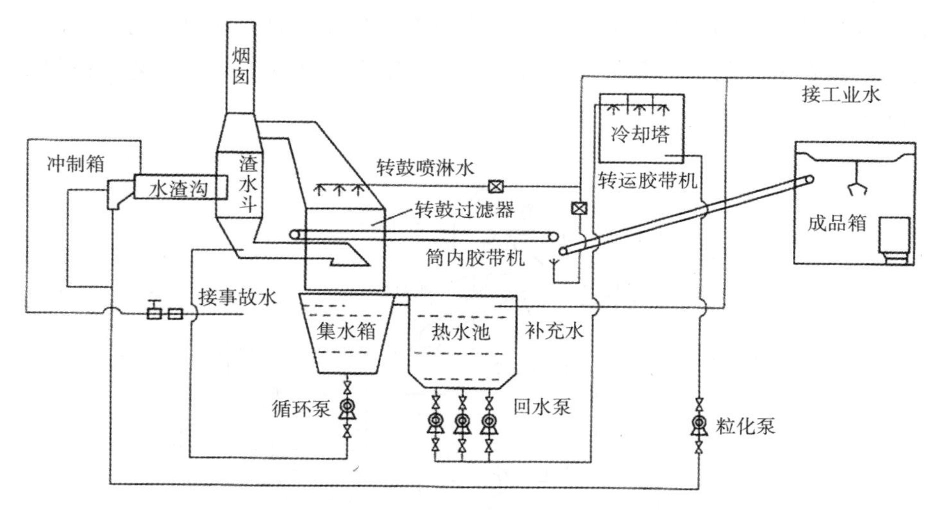

图 3-9 冷印巴法工艺流程

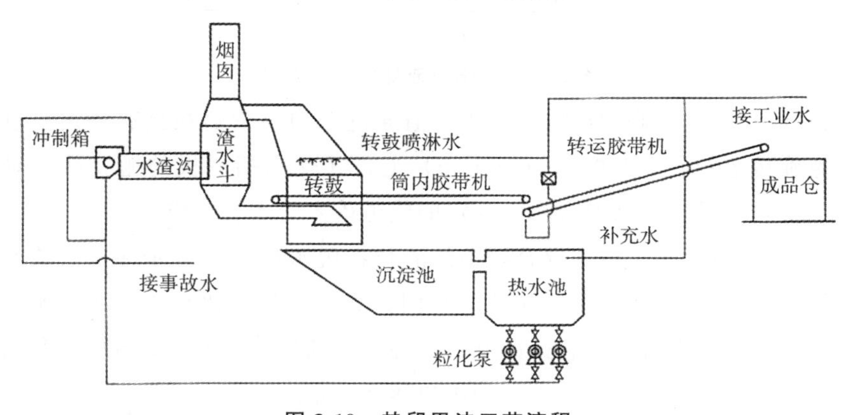

图 3-10 热印巴法工艺流程

3. 嘉恒法

（1）嘉恒法工艺流程。嘉恒法炉渣制粒工艺打破了传统的直接利用洗渣水对液态渣进行水淬、破碎和输送的工艺。液态渣通过渣沟的沟头进入粒化机时，高速旋转的粒化机转轮分散的小液滴被甩出，与空气中的高压水射流接触，进行水淬。渣和水的混合物从粒化机中自然地落入脱水器筒体中，在筒体中由多组V形筛漏斗分离。脱水后，成品渣自然落下。渣由接收斗收集，滑到设备外的皮带机，运至渣仓。脱水后的水通过筒外的集水池，经沉淀过滤后循环使用。集水池的沉渣通过渣浆泵返回筒体，再次脱水成为成品渣。蒸汽由集气装置收集，并通过烟囱高空排出。整个脱水过程是在封闭状态下进行的。水和气体不会污染炉前的环境。在现有的渣处理工艺中，该造粒工艺能在最小的空间和最短的时间内完成整个渣处理工艺。工艺流程如图3-11所示。

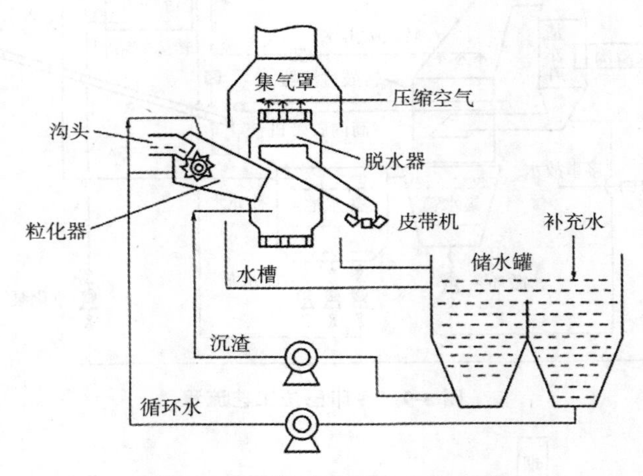

图 3-11 嘉恒法渣处理工艺流程

1）渣粒化。在高炉出铁过程中，渣通过渣沟溜槽落在具有一定高度差的高速旋转造粒轮（160～330 r/min）上，并受到挡渣板的抛物线运动冲击。二次破碎后，渣水混合物沿预定的轨道落入脱水机转鼓。

2）粒化渣脱水。渣水混合物中的渣粒在脱水机中进一步冷却，渣水在脱水转鼓上用1.5～4.0 mm间隙的筛网分离。成品渣留在筛斗中，水通过筛网流入槽中。随着脱水转鼓的旋转，筛斗内的渣缓慢上升，到达顶部时落入受料斗中，并通过受料斗下面的出口落在皮带上。

3）成品渣的磁选、运输。脱水机筛网过滤脱水后的产品渣，并将其通过脱水机受料斗的出料口落在脱水机下部的皮带机上。经皮带机上的磁选机磁选后，运至渣场。

4）高温蒸汽集中排放。制粒脱水过程中产生的高温蒸汽通过集气装置引入脱水机上部的排气装置，在高空排放。

5）循环水供应。经脱水机筛网过滤后的循环水经溢流口和回水槽进入沉淀池，沉淀后的清水进入集水池。在这种情况下，循环水泵用于泵送造粒机周围的专用喷嘴，形成高压射流。水含有一部分小于 1.5 mm 的固体颗粒，沉积在沉淀池下部，通过气动提升，进入脱水转鼓进行二次脱水，进一步净化循环。

（2）嘉恒法的工艺特点。

1）系统安全性高。在高炉生产中，事故状态的熔渣带铁是不可避免的。嘉恒法采用机械造粒轮装置。独特的机械造粒方法分解瞬间释放的能量，即使渣中含铁量达到 40%，渣的强度达到最大值，也不会发生爆炸。制粒过程中产生的蒸汽在高空通过烟囱排放，保证了操作人员的安全。

2）循环水量小，能耗低。嘉恒法的造粒工艺独特。这里的水只起到熄渣和冷却设备的作用，而不起碎渣和水力输送成品渣的作用，因此循环水可大大减少。渣水比约为 1∶3，传统的底部过滤法（OCP）渣水比约为 1∶10。同时，该系统的水温要求不高（约 60℃）。加淡水后，水温可控制在 60℃以下，不需要专门的冷却塔和相应的提升泵。因此，该系统的功耗仅为其他方法的 30%。

3）设备简单，结构紧凑，占地面积小。该系统用高速旋转造粒轮的机械破碎法取代了传统的水淬法，用脱水机中的大转鼓取代了传统的水力输送和底滤法水池，将成品渣通过皮带机输送到渣场。最新技术在最小空间内实现连续生产，占地面积变小，可直接布置在出钢场末端。成品渣质量好，含水率低。

与其他渣处理方法相比，嘉恒成品渣的含水量低于 10%，可直接运输，无需储存。炉渣粒度均匀，玻璃化率高。

4）系统运行率高。该系统技术合理，设备可靠，能满足高炉生产中各种炉况下渣处理的需要，系统运行率可达 95%以上。

5）机械化、自动化程度高。嘉恒法渣处理系统冲渣水的造粒、冷却、脱水、输送、循环全过程采用机械化操作和 PLC 控制，可实现自动、半自动、手动操作。

6）环境保护。渣处理全过程采用闭式循环水，无污水排放。蒸汽和有害气体通过烟囱在高空排放，不会污染工作环境。

4. 明特法

环保型明特法高炉渣处理技术是将造粒过程中产生的蒸汽汇集到蒸汽冷凝塔中，将冷却塔的喷淋水在室温下冷凝，形成高温水，经冷却塔冷却至常温水，循环蒸汽冷凝塔作为常温喷淋水，实现蒸汽冷凝回收，消除蒸汽污染。

（1）明特法工艺流程。明特法（又称螺旋法、搅笼法）是一种机械脱水法，它是用螺旋机将渣和水分离出来的。螺杆机安装在螺杆机池内，倾斜角度为20°。螺杆机随传动机构转动。水渣从螺杆机池底部捞起，通过其螺旋叶片输送至水渣输送胶带机。水在重力作用下向下流入螺杆机池，达到渣水分离的目的。

高炉渣经渣沟进入冲制粒化箱，从冲制粒化箱流出的高速水流使渣水骤冷，形成细颗粒渣。渣水混合物通过渣沟进入螺杆机池。渣水混合物通过螺旋机将渣从螺旋机池中分离出来，渣通过螺旋机出口和渣槽落在胶带机上，运至渣场。

洗渣水经螺杆池上部溢流口溢流后，经导流渠进入筒式过滤器，对未被螺杆机带走的水中的小颗粒和少量细渣进行再过滤。吸附在转鼓滤网上的细渣被水或压缩空气吹回后落入浮渣输送管，返回螺旋池。过滤后的水通过排水沟流入洗渣泵房的吸水井，循环利用。

冲渣时产生的大量蒸汽和螺杆机池产生的蒸汽通过螺杆机池上的排汽罩排至高空。在螺旋机池的斜墙、引水渠、排水沟内设置反吹管，并定期进行反吹管，防止渣凝固。

环保型明特法水渣工艺工与明特法水渣工艺基本相同。不同之处在于，炉渣和水的混合物通过渣沟进入冷凝塔底部的渣罐，使蒸汽充分释放，然后输送到螺杆机池。另一个区别是，冲渣时产生的大量蒸汽和螺杆机池产生的蒸汽被排放到冷凝塔中，冷凝塔配有喷淋装置。冷却水由外部高压工业水系统和热水泵提供。细小水颗粒可以通过安装在冷凝塔上部的喷嘴喷射到蒸汽上，使蒸汽冷却。凝结水通过凝结塔中部的集水池收集后送至冷却塔冷却，再返回喷淋器循环利用。实现渣蒸汽的回收利用，消除蒸汽对厂区的污染。

环保型明特渣处理系统工艺流程如图 3-12 所示。

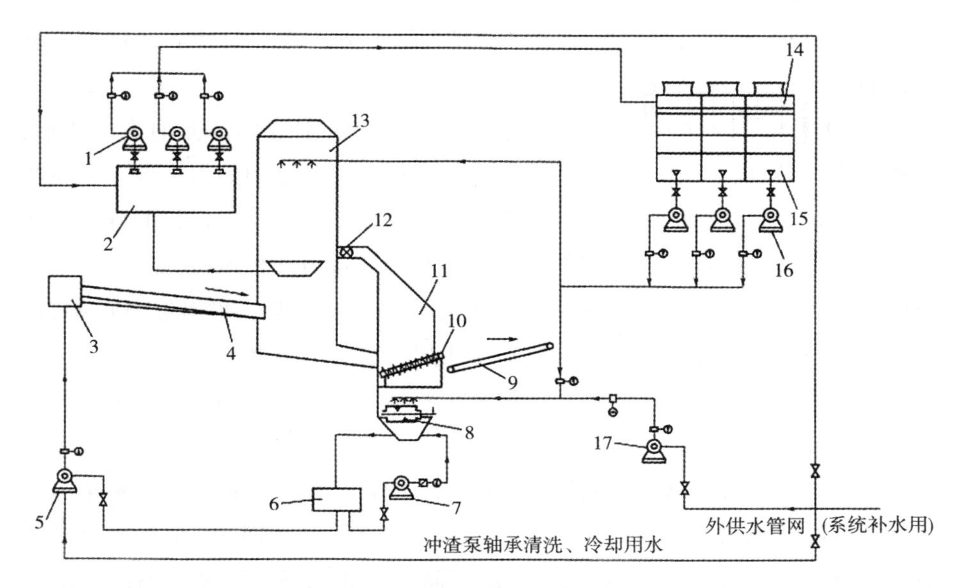

图 3-12　环保型明特法炉渣处理系统工艺流程

1—热水泵；2—热水槽；3—冲制粒化箱；4—水渣沟；5—冲渣泵；6—吸水井；7—斜面高压反冲泵；8—过滤器；9—胶带机；10—螺旋机；11—蒸汽排放罩；12—蒸汽导流风机；13—冷凝塔；14—冷却塔；15—温水槽；16—温水泵；17—加压水泵

(2) 明特法特点。

1) 明特设备可靠性高，日常运行中受设备损坏影响的生产案例较少。维修工作量小，维修成本低。

2) 小工艺允许用户在实际生产中任意调整渣水比，以保证渣的质量，防止黑渣甚至红渣的发生。螺杆机的转速是变频的，螺杆机的转速可根据渣量的大小随时调整。

3) 小流程简单灵活。它可以靠近或远离现浇现场。

4) 脱水率高，渣含水量不大于 15%。

(3) 环保型明特法主要设备。造粒机工艺渣处理装置主要由冲渣粒化箱、螺杆机池、螺杆机池蒸汽排放罩、螺杆机、转鼓过滤器、冷凝塔、润滑装置、胶带机等设备组成。此外，配套设施还包括冷却塔、补充水系统、清扫压缩空气系统、清扫水系统、自动控制系统、洗渣泵、冷水喷淋泵等。

1) 渣粒化池由三部分组成：池体、喷淋板和进水口。合理的流量分配可以节约用水，保证渣的质量。

2) 螺杆机池为大顶小底斗式混凝土结构，用于收集渣水混合物。

3）螺杆机池蒸汽排放罩安装在螺杆机池上方，将上游冲渣过程中不能凝结的蒸汽排至冷凝塔进行冷凝回收。

4）螺旋机是一种特殊设计的螺旋输送机，由螺旋体、上轴头、转轴、水渣漏斗、导轨、下轴头和升降机组成。螺杆机以一定的倾斜角度安装在螺杆机池中，使螺杆机的一端下沉在螺杆机池的底部。随着螺杆机的旋转，螺杆机的叶片将把螺杆机池底部的渣带上。水通过重力和机械搅拌的双重脱水作用自动向下流动，使渣水分离。螺杆机叶片采用耐磨、耐腐蚀材料制造。水下轴头采用特殊结构密封，螺钉头采用提升机提升更换。

螺杆机采用变频电机驱动，规格为 ϕ2 540 mm×12 700 mm，生产能力为 0～650 t/h。

5）转鼓过滤机由转鼓本体、过滤网、本体支架、铜瓦、滤渣漏斗等组成，转鼓过滤机规格为 ϕ3 200 mm×3 000 mm，过滤网为 16 片复合过滤器，可更换，孔径 0.5 mm，过滤网配有高压水和压缩空气清洗系统。滚筒过滤机实现了 0～25 r/min 的无级调速，保证了过滤能力在 0～2 500 m^3/h。

6）冷凝塔由耐硫钢制成。塔内设置不锈钢喷淋管网、喷头及检修平台，塔顶设置防爆阀。塔中下部是集水水，可浓缩蒸汽冷凝水并直接喷水进入冷却塔。

（4）明特法能确保水渣质量的因素。

1）影响水渣品质的三大因素。根据水泥厂的质量要求，国内外相关机构对影响水矿渣质量的三个因素的研究结果如下：

a. 水量的影响。出水量的大小对矿渣的质量影响最大，即出水量越大，玻璃化率越高，活性越高，矿渣粒度越细。

b. 水温的影响。冲制水的温度对渣的质量有一定的影响，即当渣水比例固定时，水温过高，会降低渣水的玻璃化率和活性。

c. 水压的影响。水压对矿渣的质量影响不大。水压可消除铁渣水粒化爆破现象。

2）影响水渣品质三大因素的最经济值。

a. 水量大小。根据高炉炉渣温度（1 450℃）和炉渣的化学成分，当炉渣水比为 1∶6 时，炉渣的玻璃化转化率可达 98%以上。考虑到高炉生产中渣流的不均匀性，渣泵的供水量一般按渣水比 1∶10 的比例来选择。

水过小不仅玻璃化率低，而且会出现不完全玻璃化的高温黑渣甚至红渣，使水渣质量下降，不受水泥厂欢迎，使用价值低，失去冲渣的投资意义。高温黑渣或红渣对后续设备（如输送带）的损坏十分严重，使生产成本增加，一方面，水渣不值钱；另一方面，设备的维护成本较高，因此设计水量过小是绝对不允许的。无限量地增加水量也没有真正的意义。实践证明，在保证水温的情况下，采用 1∶7 的渣水比设计是该工程的最佳方案。

b. 水温高低。结果表明，当渣水比为 1∶6，水温不高于 50～55℃时，能较好地保证渣水质量。对于水渣的质量，水温越低越好。但是由于水的循环利用，水温普遍较高，只能通过冷却塔等设施进行冷却，这将增加项目的投资和运营成本。最经济的方法是在水温较高时增加冲渣量，以保证渣水质量。例如，当渣水比为 1∶(7～10) 时，洗渣水温高达 80℃，可以保证水渣的质量。

c. 水压大小。由于水压对水渣的质量影响不大，只能起到消除冲渣放炮现象的作用，因此最经济的水压设计在 0.25 MPa 左右。

5. 轮法（图拉法）

轮法水渣处理技术由俄罗斯开发，并首次应用于俄罗斯图拉厂 2 000 m^3 高炉。与其他水淬方法不同，该法在渣沟下增设制粒轮，实现机械制粒。炉渣颗粒经水冷却淬火，产生的气体通过烟囱排出。该方法最大的特点是彻底解决了传统的水淬渣易爆炸的问题。

(1) 轮法的工艺流程。高炉炉渣经渣沟进入造粒轮。在落渣过程中，钢渣被造粒轮的齿高速粉碎，沿切线方向喷射。同时，喷射在造粒轮周围的冷却水将渣粒冷却。

颗粒状的水残渣进入脱水器，通过二次冷却水进行淬火。脱水器旋转过滤水。残余水由装有筛板的脱水器进行过滤提升。脱水器的斜上方还装有压缩空气吹扫管，用于吹除附着在脱水器筛板上的细小残渣。脱水器中筛板的过滤网采用特殊不锈钢制成。

过滤后的水位于脱水器壳体下部，通过溢流装置流入沉淀池。脱水器的水位由翻板阀控制进行调整。冲渣水在沉淀池中沉淀后，底部的渣浆由渣浆泵或气动提升机运回脱水器进行循环脱水，上部的水由循环泵泵入渣粒化装置进行再利用。添加的新水首先作为挡渣板冷却，然后水进入冲渣循环水系统。

造粒脱水过程中产生的高温蒸汽通过脱水器壳体两侧的导管进入脱水转

鼓上部排气筒集中排放。

在生产过程中，可随时调整造粒轮和脱水器的速度，控制水位和成品水渣的质量。

轮法炉渣处理系统的工艺流程如图 3-13 所示。

（2）轮法特点。

1）轮法主要依靠机械力粒化熔渣，水淬渣冷却水需求少，生产过程的新水添加可以降低渣水温度，系统不需要设置一个大型泵站和冷却塔，占地面积小。

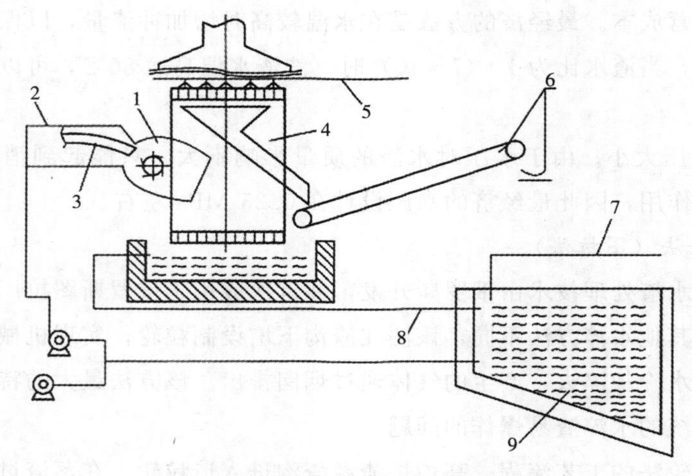

图 3-13　轮法炉渣处理系统工艺流程

1—粒化装置；2—冲渣水管；3—渣沟；4—脱水装置；5—压缩空气管；6—皮带机；7—供水管；8—回水管；9—集水池

2）允许含铁炉渣达到 40%而不发生爆炸。由于矿渣主要是通过高速造粒轮的机械作用粉碎的，并经过快速冷却分解瞬间释放的能量，即使矿渣中含有大量的铁水（高达 40%）也不会爆炸。

3）运行速度高，在正常生产的高炉中，可将送渣到制粒装置进行连续自动处理。

4）矿渣流量过大，造粒轮齿不能将矿渣完全造粒，可能会有红渣进入脱水器。

5）炉况异常或出现泡沫时对高炉炉渣产生较大影响，有必要设置备用渣坑。

（3）轮法设备。轮炉渣处理装置主要由沟头、造粒机、脱水器、横梁装配、水槽和集气装置、溢流装置、电动润滑装置、胶带机等设备组成。此外，配套设施包括补充水系统、净化压缩空气系统、计量检测与控制系统、自动控制系统、事故报警系统、冲渣泵、渣浆泵、气力提升机等。

1）沟头为专用预制沟头，可使渣流在造粒轮上的分布更加合理，提高造粒效果，延长造粒轮的使用寿命。

2）造粒机由壳体、造粒轮、挡渣罩、高压水箱、高压喷嘴等组成。碎渣粒化轮是主要的组成部分，为齿轮结构，由调速电机驱动，速度 125～1 250 r/min，采用中空水冷和内设反射盘的结构延长造粒轮的使用寿命，提高冷却效果。挡渣罩为锯齿状自喷水箱结构，喷水冷却，不仅能延长挡渣罩的使用寿命，而且提高了水淬效果。

3）脱水器主要由转鼓、大齿圈、齿轮、托辊、挡辊、不锈钢筛斗等组成。脱水器由专用不锈钢丝制成，是渣水混合物冷却脱水的最终场所。筒体支架采用角移式托辊底座，通过调整角度平衡筒体轴向力，筒体传动采用销齿传动。

4）横梁是挡渣罩、受料斗、造粒机壳体支撑体，起骨架作用，受料斗收集脱水器内脱水后的成品渣并导入皮带机，其导料面采用耐磨结构。

5）水槽、集气装置均为制粒工艺的集水和蒸汽装置。水槽、集气装置保证整个制粒脱水过程处于密闭状态，改善工作环境。

6）溢流装置是将水槽中收集的水返回水池的通道，同时调节水箱的水位，通过平板阀角度调整，改变液位的高度，以保证脱水器的底部被淹没在水里，并让渣得到充分的水淬。

7）轮法渣处理装置各润滑点均采用电动干油泵润滑。

（4）成品矿渣质量。该产品为水泥生产用颗粒矿渣，粒度 0.2～0.3 mm，含水率小于 10%，玻璃化程度 90%～95%，平均密度 1.0 t/m^3。

轮法系统正常运行后的主要能耗指标见表 3-9。

表 3-9　轮法系统正常运行后的主要能耗指标

能源项目	吨渣能耗	年能耗	折合标准煤/（t/a）
电	3.67 kW·h	2.79×10^6 kW·h	1 136.70
水	0.7 t	5.327×10^5 t	45.81
压缩空气	10 m^3	7.61×10^6 m^3	380.5
合计			1 563.01

轮法在节能方面创造了可观的经济效益。此外，采用轮法可以大大降低由于循环系统泄漏而造成的工业用水损失。

6. 螺旋法

北京明特新技术有限公司在日本搅笼机处理炉渣技术的基础上进行了改进和开发，开发了螺杆机炉渣处理系统技术，即螺旋法。

（1）螺旋法工艺。螺旋法是用螺杆机将矿渣和水分离。螺杆机安装在倾斜角度为20°的水渣罐内。螺杆机随传动机构旋转，水渣从槽底被拾起，通过螺旋叶片输送到皮带机上。水靠重力回流到渣池中，从而达到分离渣水的目的。

渣通过渣沟进入冲制粒化箱。高速水流从球化箱冷却渣水形成粒状渣。渣水混合物通过渣水渠输送到螺旋机池。矿渣水混合物由螺旋机在螺旋机池中分离，矿渣水通过螺旋机的排水口和水渣溜槽进入水渣胶带机，并输送到矿渣堆场。

冲渣水经过水渣槽上部溢流口溢流后，通过引水渠进入滚筒过滤器将水中未被螺旋机带走的微小颗粒及少量细渣进行再过滤。吸附在转筒过滤器滤网上的细渣经水和压缩空气回吹后落入浮渣输送管，返回螺旋机池。过滤后的水经排水沟溢流到渣泵房的吸水井进行回收。

系统配有应急供水和辅助供水系统。当洗渣过程中发生停电时，凝水塔顶部的高水箱可以提供事故用水。

冲渣过程中产生的大量蒸汽和螺杆机池中产生的蒸汽排入冷却塔，冷却塔配备喷雾装置，由外部高压工业水系统提供高压冷水，通过冷却塔上部安装的喷嘴产生细小水颗粒喷到蒸汽上，将蒸汽冷凝成水，经冷却塔冷却后可以返回集水槽循环使用。

在螺旋机池斜壁、导流渠、排水沟安装反吹管，定期反吹，防止水渣硬化。螺旋渣处理系统的工艺流程如图 3-14 所示。

（2）螺旋法的特点。

1）螺旋法设备可靠性高，维修工作量小，维修成本低。

2）螺旋法允许用户在实际生产中任意调整炉渣与水的比例，保证炉渣质量，防止黑渣甚至红渣现象的发生。螺旋机转速为变频调速，可根据炉渣量随时调整。

3）工艺简单，布局灵活。

4）脱水率高，水渣含水率不超过 15％。

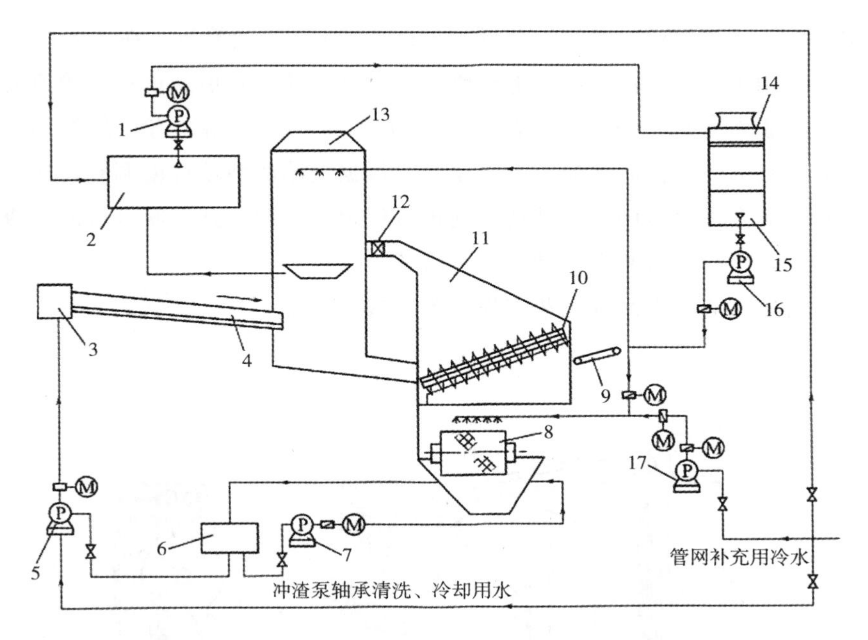

图 3-14　螺旋法炉渣处理系统工艺流程

1—热水泵；2—热水槽；3—冲制粒化箱；4—水渣沟；5—冲渣泵；6—吸水井；7—斜面高压反冲泵；8—过滤器；9—皮带机；10—螺旋机；11—蒸汽罩；12—蒸汽导流风机；13—冷凝塔；14—冷却塔；15—温水槽；16—温水泵；17—加压水泵

5）滚筒过滤器过滤效果不佳，循环水质差，需要不断改进和提高。

（3）主要设备。螺杆机的渣处理设备主要由冲渣粒化箱、螺杆机池、螺杆机池排气罩、螺杆机、滚筒过滤器、冷凝塔、冷却塔、集水槽、润滑装置、运输胶带机等组成。

7. 圆盘法

1975 年，乌克兰克里沃罗格钢铁公司 5 000 m^3 高炉建成了圆盘法渣处理装置，并成功投产。

（1）圆盘法工艺。渣从流嘴流出，经流嘴下方的造粒水喷嘴喷出的高压水淬火后，冲向反射屏破碎后，炉渣和蒸汽的混合物进入充满水的沉淀池中，产生的蒸汽沿着烟囱排放到大气中。在沉淀池的下部，水通过水孔进入相邻的沉淀池。如果下部水孔堵塞，水通过上部水孔流入池中。通过沉淀，水溢流到清水池，然后泵回造粒机循环使用。

仓式沉淀池渣浆采用气力提升机提升。为了防止气力提升机意外被大碎片堵塞，仓式沉淀池设置了一块 100 mm×200 mm 的箅板。在进入喷嘴的空气的作用下，渣水混合物沿上升管上升到分离器，然后从这里沿管道流向脱水器。脱水器是一个 ϕ13 m 的圆盘，分为 16 格，每格装有可更换的、下部装有滤眼的渣箱。脱水器由电机驱动，根据渣箱的装填程度调整转速。脱水器每格的底部设有门，当其转移到排渣位置时，门打开。脱水后的水渣进入水渣仓，用给料机装上胶带机运至渣场。

圆盘法水渣处理系统工艺流程如图 3-15 所示。

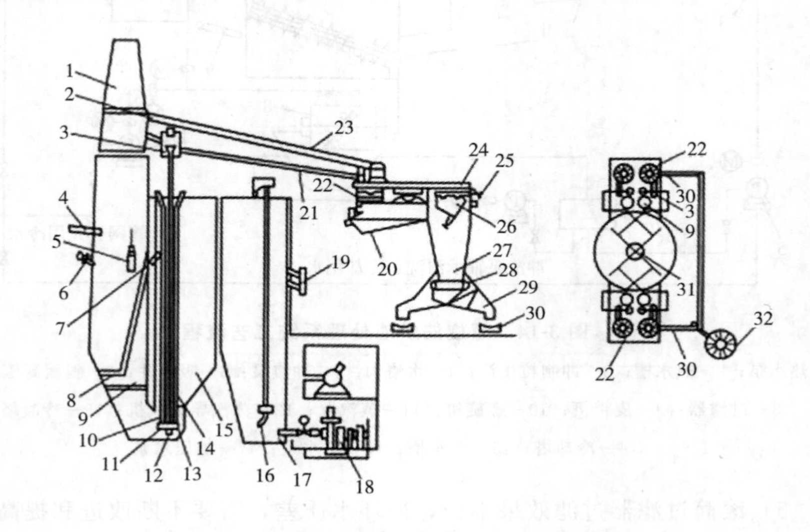

图 3-15　圆盘法水渣处理系统工艺流程

1，2—蒸汽排放和空气排放烟囱；3—分离器；4—炉渣流嘴；5—反射屏；6—粒化水喷嘴；7，10—流水孔；8—箅板；9—仓式沉淀池；11—浑浊水管；12—气泵上升管；13—气泵的空气喷头；14—空气管道；15—水井；16—排水管；17—清水池；18—地下水泵；19—补水箱；20—积水池；21—水渣输送管道；22—脱水器；23—导气管；24—卸渣机构；25—脱水器电机；26—下部带滤眼的渣箱；27—水渣仓；28—漏斗给料器；29—水渣下料管道；30—运输胶带；31—高炉；32—渣堆场

（2）圆盘法的特点。

1）处理装置占地面积小，可建在现有车间狭窄的平台上。

2）装置运行率高，不能设置干渣坑等设施。

3）该装置的结构对渣中铁没有严格的限制，保证了渣粒化过程的安全。

4）该装置设有专用沉淀池、冷却塔或其他专用设备，且为全封闭运转，取消了污水外排。

8. 滚筒法

高炉渣经造粒机冲入水渣后，渣浆流入安装在滚筒内的分配器内，分配器将砂浆水均匀地分配到转鼓中脱水。脱水后的水渣在滚筒上方旋转，在重力作用下落入转鼓内的皮带运输机上运走。高炉渣基本上采用水淬，冲渣水在输送过程中循环利用。

滚筒法生产高炉渣的工艺流程如图 3-16 所示。

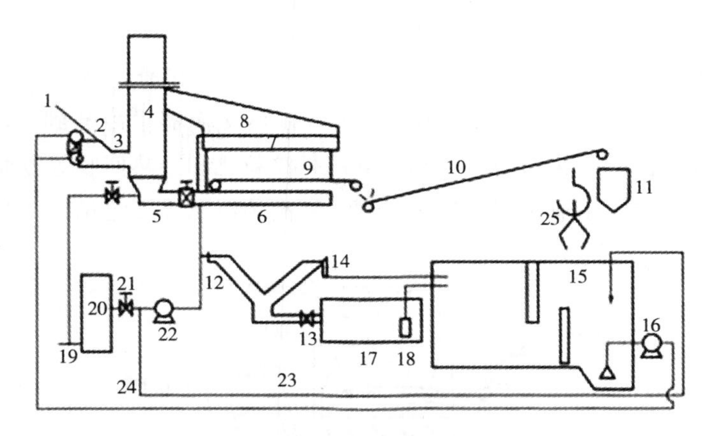

图 3-16　滚筒法生产高炉水渣工艺流程

1—高炉熔渣；2—粒化器；3—水渣沟；4—渣水斗（上部为蒸汽放散筒）；5—调节阀；6—分配器；7—滚筒；8—反冲洗水；9—筒内皮带机；10—筒外皮带机；11—成品槽；12—集水斗；13—方形闸阀；14—溢流水管；15—循环水池；16—循环水泵；17—中间沉淀池；18—潜水泵；19—生产给水管；20—水过滤器；21—闸阀；22—清水泵；23—补充新水管；24—循环水；25—抓斗

滚筒法生产高炉渣的操作条件见表 3-10。

水渣和循环水的质量很好。由于洗渣水闭路循环，废水回收率提高 3%，总出水悬浮物减少 38%。

表 3-10　滚筒法生产高炉水渣工艺操作条件

项目	参数	项目	参数
日产渣量	90～150 t	渣水比	(1∶4)～(1∶6)
日出渣次数	36 次	滚筒过滤器转速	1.71 r/min
出上渣时间	3 min	滚筒过滤器出渣	1.2 t/min
出下渣时间	6 min	滤网孔径	0.45 mm×0.45 mm
冲渣水压	0.25 MPa	循环水量	240 t/h
最大渣流量	1.2 t/min		

3.2.2　高炉渣干式粒化方法

干式粒化是指在不消耗淡水的情况下，将传热介质直接或间接地与高炉渣接触，对高炉渣进行造粒和显热回收的过程。这是一种几乎不排放有害气体的新型渣处理工艺。根据高炉渣的造粒方法，对高炉渣的急冷或半急冷干式粒化方法进行了工业试验，包括风淬法、滚筒转鼓法、离心粒化法和 Merotec 法。

1. 风淬法

钢渣的风淬粒化工艺如图 3-17 所示。在气流中吹渣、造粒，使渣粒凝固。温度从 1 500℃下降到 1 000℃，然后在热交换器中冷却到 300℃。其中，日本在高温渣（包括高炉渣和钢渣）风淬粒化和余热回收等方面做了突出的工作，已成为工业应用的先例。日本铁高炉渣风淬工艺见图 3-18。

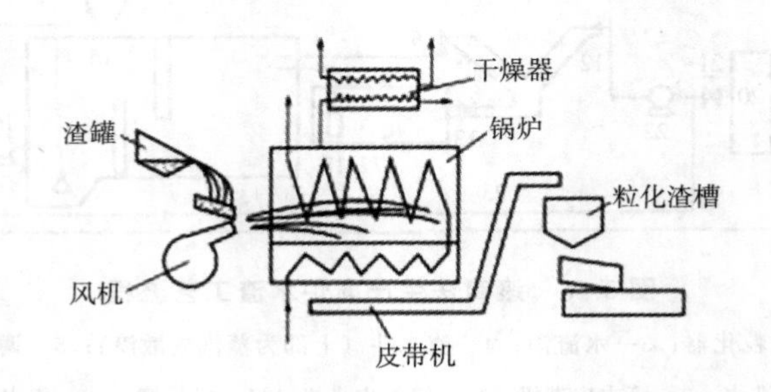

图 3-17　转炉钢渣风淬粒化工艺流程

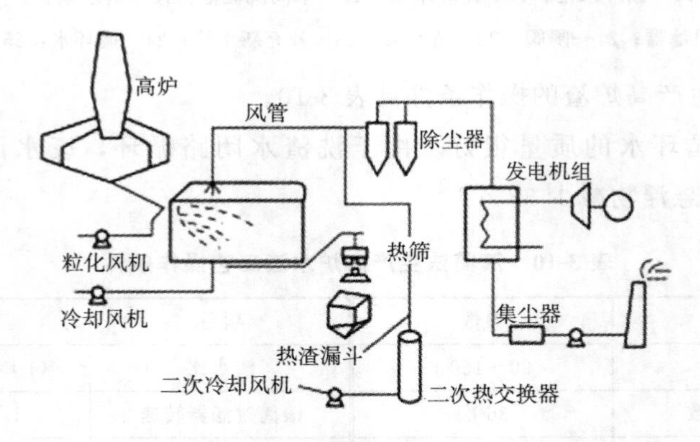

图 3-18　高炉渣风淬粒化工艺

在制粒过程中，风淬法的功耗很大，冷却速度比水淬法慢。为防止钢渣颗粒在固结前粘附在设备表面，应增大设备尺寸。风淬法制得的颗粒状矿渣粒径分布范围较大，不利于后续处理。

2. 滚筒转鼓法

日本钢管公司在福山 4 号高炉进行了内冷双滚筒法试验。滚筒在电机的驱动下连续旋转，驱动渣形成附在滚筒上的薄片。有机高沸点（257℃）液体进入滚筒后迅速冷却成薄渣，从而得到玻璃化率高（质量相当于水渣）的渣，并用刮板将附着在滚筒上的渣除去。有机液体蒸汽由热交换器冷却后返回滚筒（循环利用）。回收的热量用来发电。工艺流程如图 3-19 所示。

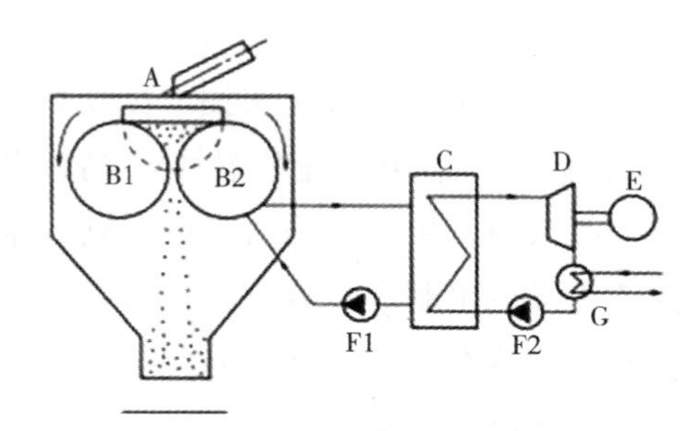

图 3-19　双冷却转筒粒化工艺流程

A—边缘档板；B1，B2—冷却转筒；C—热交换器；
D—透平；E—发电机；F1，F2—泵；G—冷凝器

日本住友金属公司于 20 世纪 80 年代建立了一个处理滚筒法高炉渣的能力为 40 t/h 的试验厂。其滚筒法与上述方法完全不同（见图 3-20）：当渣流冲击旋转单滚筒外表面时被破碎（粒化），粒化渣落在流化床上进行热交换，可回收 50%～60%的熔渣显热。

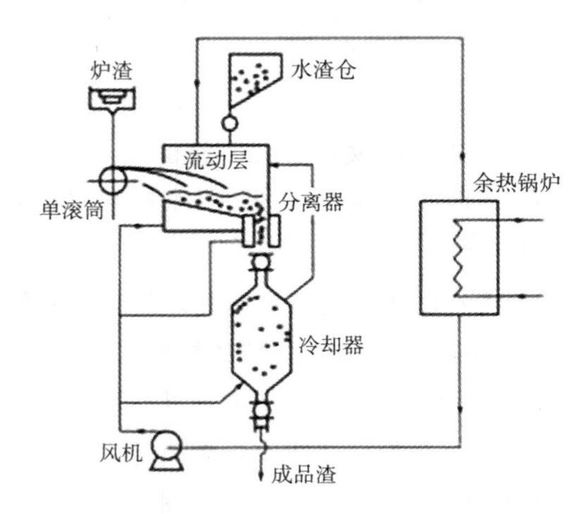

图 3-20　单滚筒法粒化高炉渣

该方法的主要特点是采用了以二苯醚为主要成分，沸点为257℃的高沸点冷却剂作为热媒介质。该方法热效率高，热回收率为77%。滚筒法存在处理能力低、设备运行率低等缺点。它不适合在现场对高炉渣进行大规模连续处理，一般只能接受来自渣罐的熔渣。固化后的渣薄片粘在滚筒上时，必须用刮板刮掉。否则，工作效率低，热回收效率和设备寿命降低。一旦形成渣皮，后续的处理就会很麻烦。

3. 离心粒化法

克瓦纳金属公司发明了一种利用流化床技术提高热回收率的干法造粒工艺。工艺流程如图3-21所示。采用调速旋转中心稍凹的圆盘作为造粒机，液态渣通过渣沟或管道注入圆盘中心。当盘子旋转到一定速度时，液态渣在离心力的作用下从盘子边缘飞出制粒。液态颗粒渣在运行中与空气热交换至凝固。固化后的高炉渣继续落在设备底部。固化渣进一步与底部流化床中的空气发生热交换，热空气从设备顶部回收。

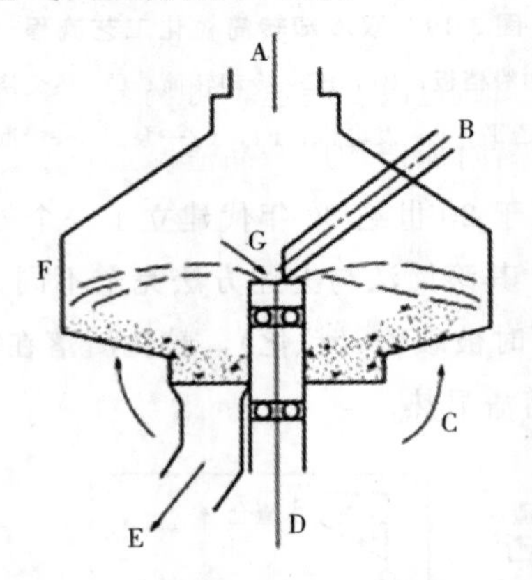

图3-21　离心粒化工艺流程

A—抽取空气到集尘袋室；B—渣槽；C—冷空气入口；D—主轴及轴承；

E—粒化颗粒；E—静态水套筒；G—旋转杯

Mizuochi等人利用图3-22所示的实验装置，研究了旋转杯熔渣粒化的可行性，研究了不同旋转杯形和转速下的熔渣粒化情况。渣罐（B）中的高炉渣从出渣口（A）排出，直接落入下方的旋转杯（F）。随后，在旋转杯离心剪切或喷嘴高速气流（G）的联合作用下，熔渣被破碎并抛出。颗粒化的渣粒最终分散在与旋转杯相同的平面上的渣收集器（C）上。统计分析渣收集器（C）不同径向上收集到的渣粒。

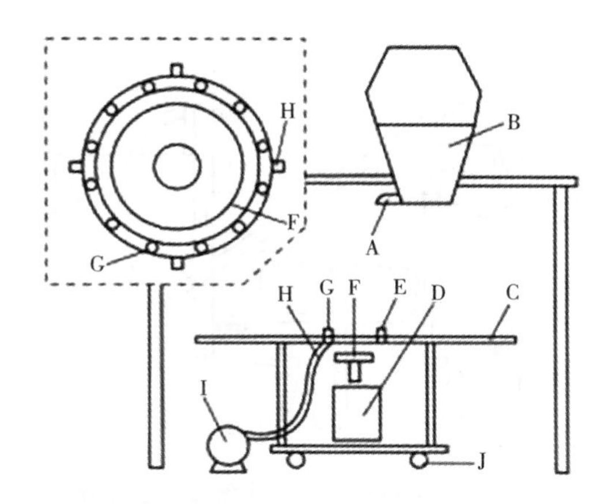

图 3-22 旋转杯离心粒化工艺流程

A—出渣口；B—供渣罐；C—渣收集器；D—电动机；E—气流；F—旋转杯；G—气流喷嘴；H—气流进口；I—压缩机；J—支架轮脚

离心粒化法比上述干式粒化法更为有效。单台设备简单，布局紧凑，加工能力大，运行参数少。通过改变转速，可调节造粒度。可获得尺寸小、球度好、玻璃化程度高的高附加值均质产品渣。造粒室造粒高温渣粒与反应性混合气体直接接触的方法，可使高温渣特有的热量充分用于吸热化学反应，即高效地将炉渣的显热转化为清洁的化学能。

4. Merotec 法

德国设计开发了 Merotec 渣粒化流态化工艺，如图 3-23 所示。造粒机是一种充填了介质（细渣颗粒）的流化床，其温度远低于渣的凝固温度，因此应在应力作用下对渣进行造粒。造粒后的渣进入流化床换热器进行换热冷却。再筛分为 0～3 mm 和 3 mm 以上的颗粒，分别进入渣仓 F1 和 F2。细渣颗粒返回循环使用。通过介质的吸热、造粒机的冷却空气和流化床换热器回收熔渣的热量。流化床中渣粒的温度可通过气流调节，一般为 500～800℃，装置的热回收率约为 64%。

为了具有竞争力，高炉渣淬火干法造粒工艺在运行成本和造粒质量（活动）上至少应达到与水渣工艺相同的水平。它必须满足五个条件：熔渣可以造粒到要求的尺寸；熔渣在造粒过程中损失的能量较少；造粒过程中消耗的能量较少；热量可以有效回收；处理后的造粒熔渣可以有效利用。表 3-11 比较了三种干式粒化工艺的参数。

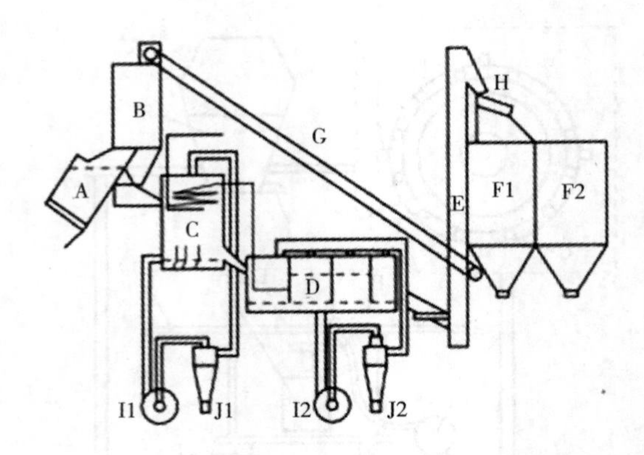

图 3-23 Merotec 熔渣粒化流化工艺流程

A—渣罐；B—循环渣储仓；C—粒化器；D—流化床式换热器；E—提升机；F1，F2—渣仓；G—皮带机；H—振动筛；I1，I2—风机；J1，J2—旋风除尘器

表 3-11 三种急冷干式粒化工艺的参数比较

项目	NKK 双滚筒	风淬法	离心粒化
处理能力	不详（渣罐供渣）	100 t/h（3 分流）	1～6 t/min
主要部件尺寸	滚筒 1 对：ϕ2 m×1 m	风洞 25 m×7 m×13 m	水冷套外径：ϕ18～20 m
粒化部件工艺参数	冷却液流速 6～7 m/s 滚筒转速 9.5 t/min	造粒风机 4 000 m^3/h	转杯转速 1 500 r/min
熔渣温度	＞1 400℃	1 400～1 600℃	最大 1 550℃
出渣温度	900℃	150℃	250～300℃
热回收率	38%	62.6%	58.5%（计算值）
冷却（换热）介质	烷基联苯	空气	空气
产品玻璃化率	平均 95%	＞95%	平均 97%～98%
产品形状	薄板状厚度 2～3 mm	不规则颗粒 ＜5 mm 的比例＞95%	较规则球状颗粒 平均值 1～3 mm

干法造粒在钢铁厂节能减排方面具有巨大的效益。它具有以下明显的优点：高炉渣显热可有效回收；投资成本低，工艺操作简单；节约大量水；渣质好，可作为水泥掺合料；无需干渣，可减少环境污染，节约能源。

2004 年，北京钢铁研究院开始研究高炉渣急冷干式粒化技术。还对离心造粒和风淬进行了相关实验（见图 3-24）。利用离心力保证了粒化渣的粒径分布。风淬的冷却速度主要是为了控制玻璃的含量，并有助于调整粒度分布。结果表明，该方法具有造粒效率高、能耗低等优点。试验参数为：渣流量为 2.5～3.0 kg/min；转盘转速为 1 500～2 500 r/min；制粒电耗（转盘）约为 0.015 kW・h/kg；空气流量为 3.6～4.5 m^3/kg；空气电耗约为 0.5 kW・h/kg；制粒渣粒径分布（<3 mm）玻璃化率约为 91%。由于实验规模小，选用的电机和空压机容量大，能耗较高。但可以看出，炉渣造粒的电耗较小，造粒效果较好。

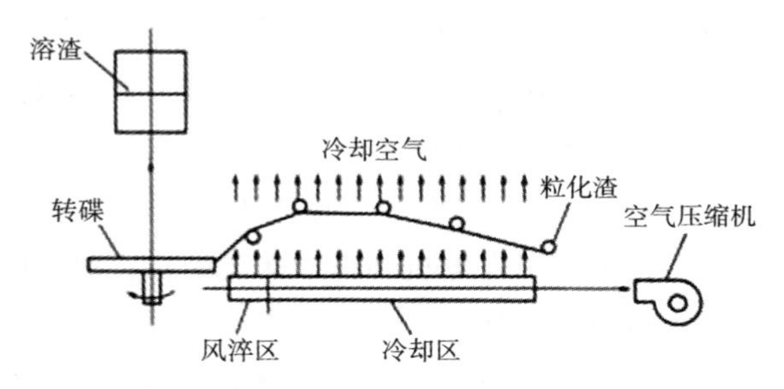

图 3-24　高炉渣干式粒化实验示意

3.2.3　高炉渣化学粒化法

化学造粒工艺以高炉渣的热量为化学反应的热源，整个循环热回收过程如图 3-25 所示。其工艺流程是用高速气体吹散液态渣造粒，用吸热化学反应将高炉渣的显热以化学能的形式储存起来，然后将反应物输送到换热器，再进行逆向化学反应，使高炉渣的显热释放热量。

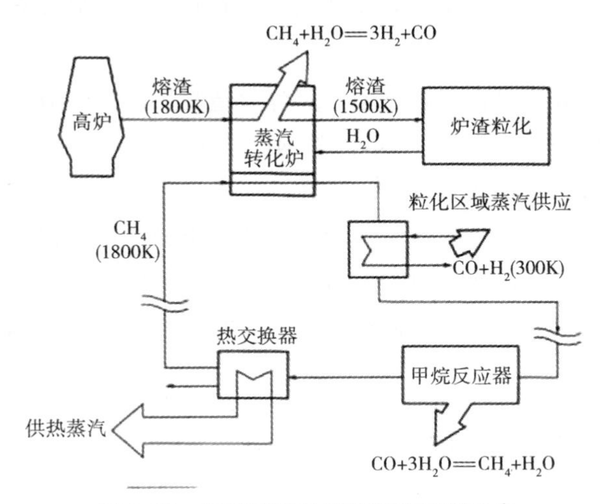

图 3-25　甲烷循环反应热回收过程示意

涉及热交换的化学物质可以回收利用。甲烷和蒸汽的混合物在高炉渣高温热的作用下产生氢气和一氧化碳。高炉渣的显热是通过吸热反应传递的。化学反应式如下：

$$CH_4+H_2O = 3H_2+CO$$

反应所需的热量来自液态渣冷却成小颗粒时释放的热量。液态渣流由 CH_4 和 H_2O 的混合物高速喷射冷却造粒。它们之间的热交换很激烈。液态熔渣被粉碎和强制冷却后粒化成细小颗粒。产生的气体进入下一个反应器。在一定条件下，氢和一氧化碳反应形成甲烷和水蒸气，释放热量。高温甲烷和蒸汽的混合物由热交换器冷却并回收。化学反应式如下：

$$3H_2+CO—CH_4+H_2O$$

热量经过处理后，可用于发电机和高炉热风炉。在热回收过程中，由于伴随着化学反应，热利用率很低。

综上所述，从处理技术的角度来看，水淬法具有最高的安全性和最成熟的技术，实际应用的高炉也较多。但是，其严重的能源浪费、环境污染、炉渣后期利用困难等问题得到了突出的体现。急冷干法粒化工艺具有较好的发展前景，与水淬工艺相比，具有明显的优越性。它消耗更少的水资源，排放更少的污染物，可回收热量，节省了庞大的冲渣水循环系统，维护工作量较小。虽然还没有达到工业应用水平，但符合我国建设资源节约型和环境友好型社会的总趋势。因此，在解决干法高炉渣粒化工艺的粒化率、冷却率、余热回收率和使用成本的前提下，干法高炉渣粒化工艺将成为高炉渣回收利用的主流工艺。

从高炉渣后续产品的发展来看，经淬火造粒后的高炉渣也可以生产出许多附加值较高的产品。到 2017 年，鞍钢已建成了世界先进水平的高炉矿渣微粉与矿渣硅酸盐水泥大型联合生产线。生产线以高炉渣为原料生产粒化高炉矿渣微粉和矿渣硅酸盐水泥。两种产品的技术指标远远超过国家标准。它们是建筑材料工业的优质原材料。目前，世界上利用矿渣微粉生产的标号最好的水泥也取得了成功，在利用高炉矿渣开发新材料方面取得了更多的成就。

3.2.4 矿渣膨珠生产

膨珠工艺始于 20 世纪 50 年代，发展于 20 世纪 60 年代到 80 年代，国外已有 20 多座高炉采用了该工艺。20 世纪 80 年代，鞍钢、首钢采用过矿渣膨珠生产。实践证明，膨珠技术是可行的。

矿渣膨珠的生产是在半急冷的作用下进行的，是高炉渣的重要处理工艺之一。它将高炉渣制成人造轻集料，可作为轻质混凝土集料和耐火隔热材料。与其他人造轻集料相比，它具有无燃料、直接利用热熔渣中的热量和内部气体、形成松装密度为 400～1 400 kg/m³ 的人造轻集料的优点。物理性质见表 3-12。

表 3-12 膨胀矿渣的物理性能

粒径/mm	体积质量/(kg/m³)		吸水率/(%)		筒压强度/MPa	孔隙率/(%)	密度/(g/cm³)	热导率/[W/(m·K)]	冻融循环/15 次
	松装	颗粒	1 h	24 h					
自然级配	960～1 050	1 500～1 600	2～2	6	5.34～6.13	50 以下	2.85～2.92	0.14	合格

生产膨胀渣和矿渣膨珠的方法很多。喷射法是欧洲和美国的主要方法。在俄罗斯，主要采用喷雾器堑沟法。

1. 喷雾器堑沟法

这是生产膨胀渣的主要方法之一。在生产场地中，堑沟深 3.5 m，长 100～350 m（4 条切割沟），宽 15～20 m。沟壁几乎垂直（80°～85°）。沿沟壁预埋一根直径 220 mm 的给水管。喷头与 100 mm 水管相连，沿沟上边安装。水由水压为 500 至 600 kPa 的水泵供应。水可以充分打破渣流，使渣冷却，增加其黏度，将渣中的气体和部分水蒸气固定，形成多孔膨胀渣。熔渣浇注后，继续在沟中膨胀 2.5～3 h，直至最终凝固。然后用抓斗将其抓出，破碎后筛出不同粒径的膨胀渣。

2. 流槽喷射法

膨胀渣的生产可分为两种类型：一种是单级流槽，另一种是阶梯式流槽。流槽装置是一个金属槽。水管在热渣流下喷水，热渣与水接触后，产生大量蒸汽。由于渣的快速冷却，气体释放，渣中形成孔隙。阶梯式流槽（见图 3-26）是单级流槽的组合。单级流槽生产时，渣水混合不均匀，冷却不充分。增加流动水槽的数量，并将其连接成阶梯形，为熔渣的完全冷却提供了条件。采用流槽法松装密度在 400～500 kg/m³，体积质量在 800～1 300 kg/m³之间的膨胀渣，水压不小于 300～400 kPa，每吨渣耗水量为

150～200 kg。

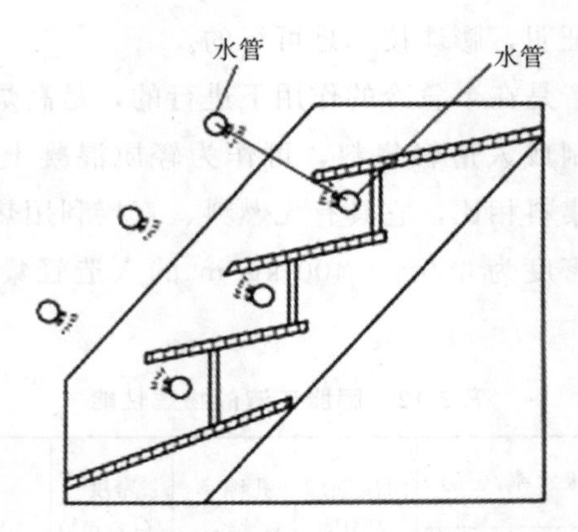

图 3-26　阶梯式流槽法生产膨胀矿渣

3. 喷气水击法

高压水和压缩空气混合冲击渣，撞击挡板，使渣与水、气充分混合，然后落入坑内膨胀。本方法产生的膨胀渣体积为 800 kg/m^3。该方法具有设备简单、耐久性好等优点，其生产流程如图 3-27 所示。

4. 水击挡板法

来自接渣斗的熔渣经受第一流槽喷嘴的高压水的冲击，水冲击渣并与之混合，然后流到第一挡板上，使渣和水落入第二流槽。与第一流槽一样，挡水板上的水对渣体产生冲击，使水充分利用冷却渣使渣体膨胀变成膨胀渣。本方法用水量为 1 t 渣用 1 t 水，水压为 500～600 kPa，其生产流程如图 3-28 所示。

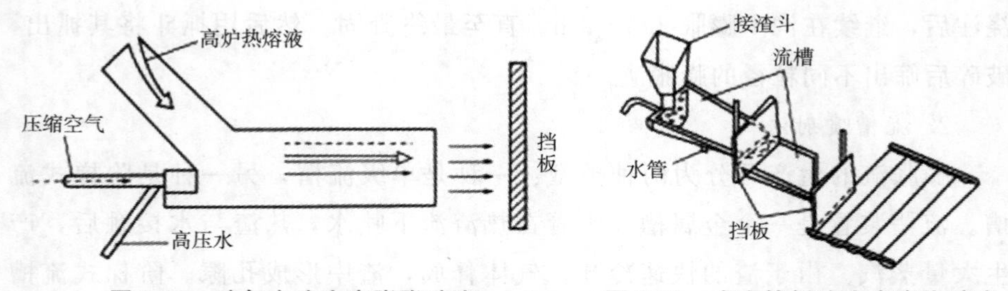

图 3-27　喷气击法生产膨胀矿渣　　图 3-28　水击挡板法生产膨胀矿渣

5. 滚筒法

滚筒法生产膨胀渣的工艺是熔渣从高炉中流出进入渣罐，运至膨胀渣生产场地，渣罐熔渣倒入由耐火砖制成的渣槽中，在出口处设置一道间距为

150～200 mm 的钢筋围栏，以避免大块冷渣流入槽内而造成滚筒损坏。热渣通过围栏流入流槽，流槽长 1 270 mm，宽 900 mm，水平倾斜 60°。在流水槽下面埋有 100 mm 的水管。水管旁边有两排喷嘴。当渣流过去时，受到来自喷嘴的 0.6 MPa 压力的冲击。水和渣一起流到滚筒。滚筒直径 640 mm，长度 1 190 mm，滚筒周围焊接有 9 个固定叶片，滚筒转速为 328 r/min，渣和水混合到滚筒中，由滚筒抛出，落入坑内。渣、水集中在坑内，在渣冷却过程中放出气体，使渣膨胀，冷却后的渣用电动抓斗抓出堆放在堆场。然后运至破碎车间破碎筛选，得到一定尺寸的膨胀渣，如图 3-29 所示。

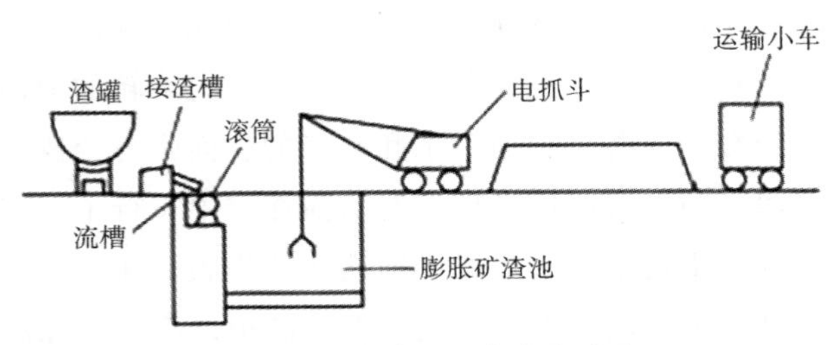

图 3-29　滚筒法生产膨胀矿渣

(1) 膨胀矿渣珠的生产工艺。本方法在滚筒法生产膨胀渣的基础上，对滚筒法进行了改进，增大滚筒直径，加快了滚筒转速。熔渣经渣沟流入膨胀槽，与高压水接触后流入滚筒。由高速滚筒甩出，在空气中冷却成球，形成膨胀渣珠。最后，用抓斗装车外运（见图 3-30）。

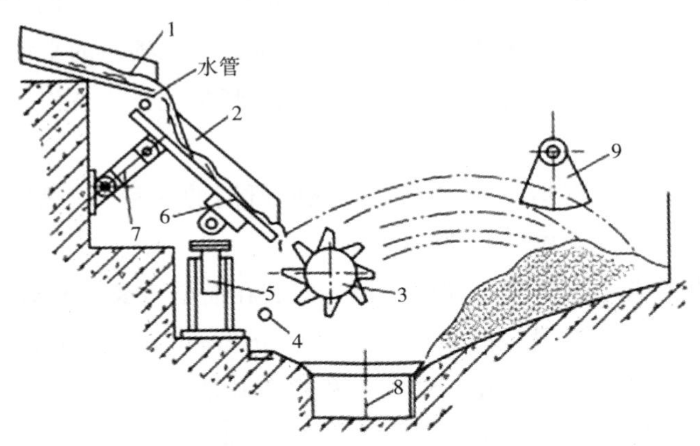

图 3-30　滚筒法生产膨胀矿渣法

1—流渣槽；2—膨胀槽；3—滚筒；4—冷却水管；5—升降装置；
6—调节器；7—调角器；8—膨珠池；9—抓斗

(2) 膨胀矿渣珠的形成原理。热熔高炉渣中含有大量的一氧化碳、氢气、氧气、氮气、硫化氢等气体，高炉渣在排出后经过运输、转运和冷却过程。其中一些气体已经逸出，但其中一些仍留在熔渣中。当这些气态渣流到渣槽和滚筒时，会被水迅速冷却。熔渣中的气体不能释放出来，被包裹在硬化的外壳中形成孔隙结构。同时，它还具有水和滚筒的作用，可以在膨胀渣珠中形成一些微孔。

水在膨胀渣珠形成中起着两种作用：一种是加速渣的冷却，提高渣的黏度，快速形成固体，防止气体逸出；另一种是与渣中的硫化物反应，在高温下形成二氧化硫和蒸汽，这也使膨胀渣珠在内部形成孔隙。

滚筒在膨胀渣粒的形成中也起着重要作用。快速旋转的滚筒将大量的熔渣分解成更小的渣粒，这些渣粒通过水和空气的表面张力变成了珠粒。由于滚筒旋转产生的离心力，膨胀的渣珠在着陆前在空中飞行了一段时间。落地时，渣已基本冷却，不再黏结，形成不同尺寸的膨胀渣珠。

以马钢 7 号高炉滚筒法膨珠生产线为例。高炉采用膨胀珠法，吨渣耗水量为 1.5t（含滚筒冷却水），仅为水洗渣耗水量的 1/20～1/10，节约了用水量和水处理工程投资。吨渣耗电 1.5 kW·h（水洗渣耗 9 kW·h），处理成本低。

在成珠过程中，硫化氢气体的生成受到了很大的抑制。气相硫化氢仅为水淬的 1.6%，二氧化硫仅为水淬的 64%，水蒸气较少。在生产现场建造了一个 21 m×24 m×9 m 的密封棚。膨胀厂周围大气中棉渣的平均浓度为 1～1.54 mg/m^3，降低了渣棉和噪声的危害，工作环境优于水洗渣。

6. *振动溜槽法*

振动溜槽法是俄罗斯乌拉尔冶金研究所研制的一种生产膨胀渣的新方法。其生产工艺装置如图 3-31 所示。

生产工艺装置主要采用振动成孔器，安装在溜槽边缘。振动成孔器由多股自来水管槽组成。根据它的长度，它可以分为两部分，并且可以互相移动。在管子顶部钻了许多小孔。钻孔面积按每吨渣料水 0.2 m^3、水压 0.05 MPa 计算。滚筒速度为 975 r/min，安装了四个叶片。大滚筒和小滚筒由链条驱动。小滚筒的转速为 300 r/min。安装了两个叶片。溜槽配有冷却溜槽的水管。大滚筒和小滚筒有单独的冷却装置。总供水泵提供的压力为 1.3 Mpa。

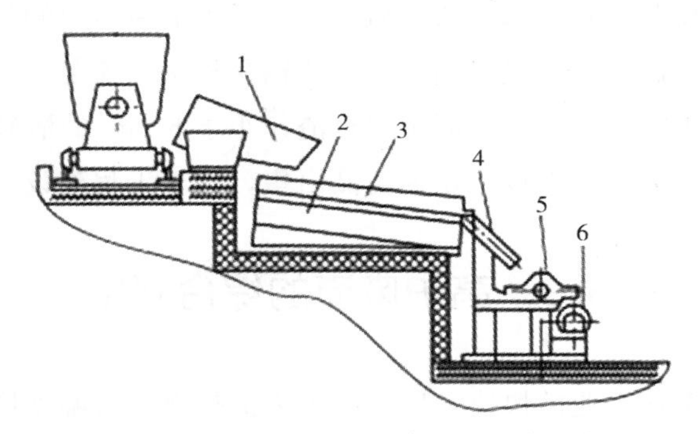

图 3-31　振动溜法生产膨胀矿渣珠工艺

1—接渣槽；2—溜槽；3—振动成孔器；4—导向槽；5—大滚筒；6—小滚筒

生产过程如下：热熔渣从渣罐经接渣槽送至振动造孔器，水从钻孔流出，冲入渣中。此时，炉渣受水的冲击产生孔隙，与渣本身所含的孔隙混合。多孔渣通过导向槽落在滚筒上，被叶片打碎抛出，粒状的溶渣在飞跃过程中成球形。

与黏土陶粒、粉煤灰陶粒相比，膨胀渣、膨胀珠的生产工艺简单、无燃料、成本低。

3.2.5　渣碎石工艺

渣碎石是高炉渣在指定的渣坑或渣场内，经自然冷却或洒水形成致密的渣后，经开挖、破碎、磁选、筛选而成的一种碎石材料。渣碎石的开采方法相对简单，一般采用热泼法和堤式法。

1. 热泼法

高炉渣排入渣池，运至渣场，分层倒入坑或渣场。一般情况下，设置四个热泼场。在第一个场地上热泼渣，在第二个场地上喷水，以加速热渣的冷却和破碎。第三个用挖掘机挖掘装车，第四个作为备用场地。热泼过程是在热泼场地上洒一层水。水量取决于渣碎石的密实度。目前主要采用薄层多层热泼法，而以往采用的单层放渣法很少。薄层多层放渣法排出的渣层厚度有限。其优点是操作简单，渣坑体积大，开挖前有足够的冷却时间，渣层薄，易从渣中逸出气体。

2. 堤式法

本方法采用渣罐车将热渣运至渣场，沿路堤两侧逐层倾倒。由于渣被逐层倾倒，渣呈层状分布，形成渣丘后开采。采出的渣由自卸汽车运至处理车间破碎、磁选。磁选的一般方法是在带式输送机头部安装一个磁选筒，选出铁块，筛分加工矿渣。渣场产品为混合渣、小于 5 mm 的渣砂、各种等级的渣碎石，分级产品分别堆放，作为商品出售，用于工程建设。

3.3　高炉废渣的综合利用

随着我国钢铁工业的快速发展，高炉废渣排放量大幅度增加，我国每吨铁产生 0.3～0.7t 废渣。堆渣不仅占用土地，而且污染环境。为了发展循环经济，需要对高炉废渣进行综合利用，尽可能实现生产与消费的平衡。我国高炉废渣处理、利用技术发展迅速，而且在工艺方面也并不落后，但我国高炉废渣综合利用技术仍需进一步发展。究其原因，大多涉及复杂的生产关系、技术管理和经济效益。

高炉废渣的综合利用取决于高炉废渣的处理技术。目前，高炉废渣的主要用途是提取有价值的组分，生产建材，生产肥料，制备复合材料和污染处理剂，回收高炉废渣的潜热。

3.3.1　用作水泥和建筑材料

1. 水渣用作制造水泥

高炉废渣的应用早于水泥，其潜在的水硬胶凝性能的研究与水泥同步进行。长期以来，高炉废渣的活性一直被称为潜在活性，因为它必须由水泥熟料、石灰、石膏等活化剂来活化，以显示其水硬胶凝性能。过去运输、仓储设备不完善，在使用过程中被淘汰。随着各种技术的发展和进步，高炉废渣可作为水泥混合料，也可制成无熟料水泥。

用质量分数 $K=\omega(CaO+MgO+Al_2O_3)/\omega(SiO_2+MnO+TiO_2)$ 测定粒化高炉废渣的活性。当分数较大时，粒化高炉渣的活性较高。活性更多地取决于冷却条件，而不是化学成分。水淬可以防止矿物结晶，形成大量的非晶态活性玻璃结构或网状结构，具有很高的活性。在水泥熟料、石灰、石膏等激发剂的作用下，其活性被激发，通过水硬性作用产生强度，表现出水硬胶凝性能，是一种优质的水泥原料。水渣可用作水泥混合料或无熟料水泥。

(1) 矿渣硅酸盐水泥。矿渣硅酸盐水泥是将硅酸盐水泥熟料与粒化高炉废渣混合，加入3%～5%的石膏分别粉磨，然后搅拌均匀而制成的。磨前必须将渣烘干，但烘干温度不宜过高（不宜超过600℃），否则会影响渣的活性。矿渣硅酸盐水泥简称为矿渣水泥。

矿渣水泥粉磨时，随着高炉渣含量的增加，水泥抗压强度略有降低，但总的影响较小，对抗拉强度的影响较小。因此，掺渣量可达到水泥重量的20%～85%，有利于降低水泥生产成本。

从矿渣硅酸盐水泥硬化过程的特点和新产品的性能来看，它具有良好的稳定性。水泥安定性差的主要原因是水泥中的游离氧化钙在水泥硬化后遇水溶解而出现体积膨胀。但在矿渣硅酸盐水泥中，熟料水化产生的$Ca(OH)_2$被矿渣吸收，不会发生这种现象。

与普通水泥相比，矿渣水泥具有以下特点：

1）矿渣硅酸盐水泥在硬化过程中释放的热量远小于硅酸盐水泥。硅酸盐水泥中铝酸三钙和硅酸三钙的发热量最大，硅酸二钙的发热量最小。矿渣水泥多为低碱度硅酸盐，在水化过程中热量很少。由于这种特性，这种水泥适用于大体积混凝土结构。

2）矿渣硅酸盐水泥具有较强的抗硫酸盐侵蚀性能。试验结果表明，在硫酸盐溶液侵蚀下，硅酸盐水泥试件在6～12个月后崩溃，而矿渣硅酸盐水泥未被破坏，并且强度有所提高，因此矿渣硅酸盐水泥可用于水利工程。矿渣水泥在酸性水和镁盐水中的抗腐蚀性能比普通水泥差。

3）耐热性强，在易受热的高温车间和高炉基础等地方的应用优于普通水泥。

4）矿渣硅酸盐水泥早期强度低，后期强度增长率高，施工中应注意早期养护。另外，在循环干燥、湿润或冻融条件下，其抗冻性不如硅酸盐水泥，不适合水位变化频繁的水工混凝土建筑物。

（2）石膏渣水泥。石膏渣水泥是20世纪中叶的产物。基尔（Kiihl）发现，高炉渣不仅能被氢氧化钙或水泥熟料“激发”，而且能被10%～15%的石膏“激发”。经过大量的实验研究和技术改进，最终研制成功。

石膏渣水泥是将干粒高炉废渣与石膏、硅酸盐水泥熟料或石灰按一定比例混合、粉磨或分别粉磨后均匀混合而成的一种水硬性胶凝材料。由于它主要受硫酸盐激发，所以又称为硫酸渣水泥。该水泥在英国、德国、法国等国家有国家标准。由于其抗硫酸盐侵蚀和渗透性好，适用于一般的民用和工业建设项目，特别是地下和水下工程、大体积混凝土工程，不适用于冻融频繁的水下工程。

在石膏渣水泥的处理中，高炉废渣是主要的原料。一般情况下，高炉废渣量可高达 80%。石膏是硫酸盐的活化剂。其作用是提供水化所需的硫酸钙，并激发渣的活性。一般使用天然石膏。SO_3溶解速率适中，石膏加入量为15%比较适宜。少量硅酸盐水泥熟料或石灰属于碱性激发剂，能活化渣的碱度，促进硅酸钙和铝酸钙的水化。一般用石灰作碱性激发剂，其用量应小于 3%，最大不超过 5%。如果用普通水泥熟料代替石灰，用量应小于5%，最大不应超过 8%。

石膏渣水泥的生产并不复杂。它主要是将石膏和水泥熟料粉碎，然后烘干石膏和矿渣，将石膏、矿渣和水泥熟料一起粉磨的过程。由于天然石膏中含有结晶水，石膏在粉磨过程中由于温度升高而脱水，因此石膏不应直接加入粉磨，而应加入带渣的干燥机进行干燥。各成分的配比必须非常准确。根据水泥标号，研磨细度一般应达到 400～500 m^2/kg。

在使用过程中，低熟料水泥和硫酸盐为活化剂的无熟料水泥表面容易出现起砂的现象，石膏渣水泥也不例外。起砂的主要原因是这种水泥的碱度低。混凝土和砂浆表面的 $Ca(OH)_2$在空气中 CO_2 的作用下很容易形成 $CaCO_3$，表面硬化质量良好。因此，石膏渣水泥在生产中是严格要求的，在使用中应注意其养护。

石膏渣水泥不宜存放太久，最多不超过一个月。通过添加 0.5%～1%石灰或 1%～2%硅酸盐水泥，可以恢复风化水泥的碱度。添加量应根据风化程度确定，必须通过试验确定。

(3) 石灰渣水泥。早在 19 世纪中叶，俄罗斯就已正式生产出石灰渣水泥，广泛应用于建筑工程中。1951—1953 年，在苏联专家米哈卢达的指导下，利用现有的原材料，将各种石灰渣水泥用于建设工程，保证了工程质量。

石灰渣水泥是将粒化高炉渣、石灰（生石灰、熟石灰或水硬性石灰）按适当比例干燥、混磨或分别粉磨，在干燥环境中搅拌均匀而制成的一种水硬性凝胶材料。

根据炉渣的成分和性质，石灰的含量一般为 10%～30%。其作用是激发渣中的活性成分，生成水合铝酸钙和硅酸钙。石灰量过小，不能充分激发渣中的活性成分，石灰量过大，使水泥凝结不正常，强度下降，稳定性差。石灰含量随原料中氧化铝含量的增加而增加。当氧化铝含量高或氧化钙含量低时，应多加石灰。通常石灰的制备范围为12%～20%。有时为了调整凝结时间，改善硬化，可根据需要加入5%以下的天然石膏。

石灰渣水泥的凝结硬化速度相对较慢。经过长时间的凝固和硬化，它将获得更高的强度。由于石灰渣水泥对淡水和硫酸盐具有很高的安全性，因此适用于经常受到腐蚀性水影响的建筑物的施工。

根据石灰渣水泥的具体理化性质，它可用于各种蒸汽养护的混凝土前体、水下无筋混凝土、地下无筋混凝土、路面无筋混凝土以及工业和民用建筑砂浆。但是，在地面结构中使用时，必须防止其快速干燥。石灰渣水泥不适用于反复冻融和干湿循环的建筑，过多的养护处理也会对石灰渣水泥产生不利影响。

2. 矿渣微粉及其利用

渣粉的化学成分主要为 SiO_2、Al_2O_3、CaO、MgO、FeO_3、TiO_2、MnO_2等，含玻璃体95%以上，矿物有硅酸二钙、钙黄长石、硅灰石等。其结构处于高能状态，具有很大的潜在活性。世界各地的科学家发现，当高炉矿渣被磨得很细时，这种活性就可以被激发出来，它在混凝土中的贡献与粉磨细度密切相关，越细越好。矿渣微粉是高炉水渣（可适当掺加石膏或助磨剂）经充分粉磨而成的一种超细粉末。

近年来，随着我国国民经济的进一步发展，商品混凝土的使用日益增多。以矿渣粉为掺合料不仅可以提高混凝土的质量，而且可以节约生产成本。渣粉生产作为一项新技术在我国得到了推广，取得了明显的经济效益和社会效益。

（1）矿渣微粉的作用。矿渣粉可以直接掺入商品混凝土中，而不是水泥中。根据渣粉的活性和表面积的不同，渣粉的一般含量为20%～40%。掺矿渣粉的混凝土性能明显提高。该混凝土具有以下特点：矿渣粉混凝土的初凝时间和终凝时间均比普通混凝土应延迟；在搅拌初期易于控制混凝土的流变性，提高混凝土的流动性，有利于泵送；能提高水泥的泌水性，提高其持水能力；能大幅度提高混凝土的强度，降低了混凝土对水泥的需求；降低了混凝土的水化热，使其适合大体积混凝土的施工；渣粉混凝土中的 C_3A 含量相应降低，水化过程中的 $Ca(OH)_2$ 含量相应降低，从而提高了混凝土的抗硫酸盐性能，提高了混凝土的耐海水侵蚀的性能；抑制了混凝土中碱集料反应，从而提高了混凝土的耐久性，增加了混凝土的致密度，从而增加了混凝土的抗渗性。

由于矿渣粉在混凝土中的特殊性能，矿渣粉混凝土特别适用于高层建筑、大坝、机场、水下和地下建筑。

（2）矿渣微粉的生产工艺。矿渣是一种比较难磨的材料。粉磨功指数比熟料高30%左右。为了生产优质的矿渣水泥，必须使用更细的矿渣。因此，熔渣越细，其使用要求越高。理论上，可以采用四种终粉磨工艺：立式磨、辊压机、球磨机和振动磨，也可以采用立式磨＋球磨机和辊压机＋球磨机的组合磨工艺。下面将介绍并比较这些生产工艺。

1）立式磨的生产工艺。随着科学技术的发展，立式磨逐渐克服了振动和材料磨损的问题，开始应用于渣粉的生产中，并迅速发展成为最常用的渣粉生产工艺，适合于各种钢铁公司。工艺流程如图3-32所示。

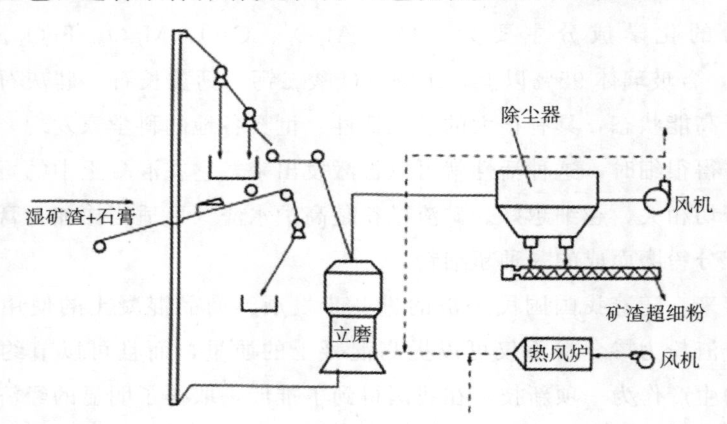

图3-32　立式磨矿渣的终磨系统流程

2）球磨机的生产工艺。当生产规模较小时，可采用球磨机生产渣粉。采用球磨机生产细渣粉时，可灵活调整细渣粉的细度，并且生产的细渣粉具有较好的颗粒形状和级配。工艺流程如图3-33所示。

对球磨机生产的矿渣粉进行分析表明，当矿渣粉比表面积约为480 m^2/kg时，其微粉颗粒分布与水泥相似，在2～40 μm之间时，其混凝土强度的发挥起着决定性的作用。在相同的表面积下，虽然立式磨生产的渣粉比较均匀，但颗粒呈片状，级配不好，需水量大。也就是说，球磨机产品质量优于立式磨，相应强度较高，但用球磨机生产渣粉能耗较高。

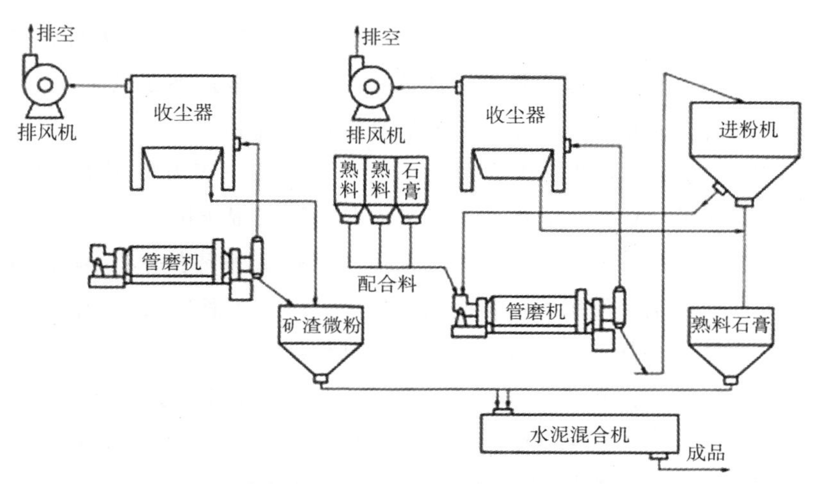

图 3-33　球磨机粉磨生产超细粉工艺流程

由于磨渣比较困难，采用球磨机生产矿渣粉时，其产量仅为水泥的40%左右，一旦电耗高，就必须考虑合理选择配套设备，降低投资和运行电耗；使用适当的助磨剂，减少出现过粉磨、聚磨和糊球现象，以提高产量和降低电耗。

3）辊压机生产工艺。辊压机又称挤压机，由两个反向运动的磨辊组成，一个是固定辊，另一个是移动辊，通过液压系统传递挤压动力，没有球磨机中那种无效的摩擦和碰撞。它直接将挤压力作用于材料表面，提高了粉磨效率。工艺流程如图 3-34 所示。

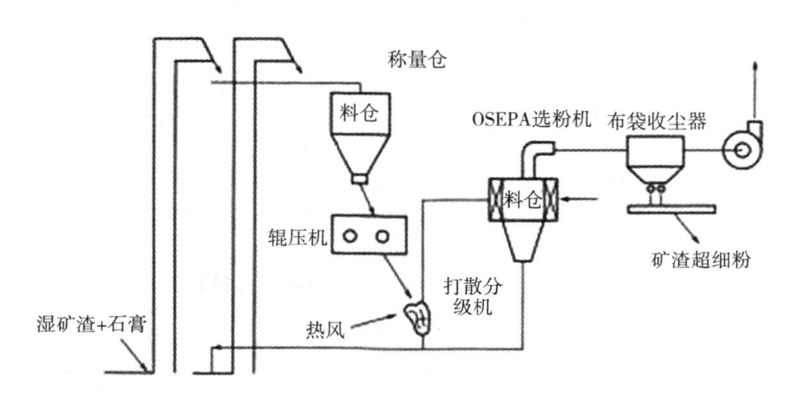

图 3-34　辊压机粉磨系统粉磨矿渣的工艺流程

该系统主要由辊压机、打散机、烘干选粉机组成。要求渣的含水率不应太大或太小。一般情况下，湿渣和干渣应按一定比例混合，使混合料的含水量为 4%～5%。同时采用变频调速，降低辊速和减少振动。另外，必须将热空气引入输送设备和选粉机，以保证除尘器的含水量不超过 1%，防止含有一定水分的细粉粘附在除尘器的滤袋和输送设备上。

4）辊压机＋球磨机组成的粉磨工艺。该系统一般由挤压机、打散机、球磨机和选粉机组成。该系统的最大特点是消除了辊压机的边缘效应，满足了辊压机过饱和送料的要求。同时，采用“低压大循环技术”，降低辊压机工作压力，延长辊套使用寿命，提高运行率。不必刻意追求辊压机出料中合格的细粉含量，充分发挥打散分级机的控制作用。

系统中材料的含水量也要求为 4%～5%。磨机采用烘干磨，保证成品含水率不超过 1%。与传统的球磨机一次闭路系统相比，该工艺可使产量提高 60%以上，单位能耗降低 15%～20%。与单球磨机系统相比，该系统的电耗更低，不仅具有显著的经济效益，而且降低了运行成本，大大降低了维护费用。该系统特别适用于水泥企业旧路线改造。在球磨机前增设辊压机，同时对球磨机进行改造，球磨机的挤压大大提高了钢渣的可磨性。细料经打散分级后，进入高细高产管磨机，无论是否采用选粉系统，其可磨性都将大大提高系统产量，其工艺流程如图 3-35 所示。

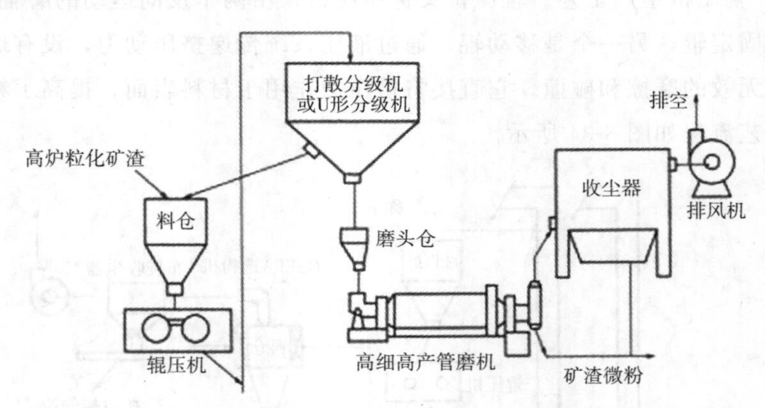

图 3-35　辊压机与磨机联合粉磨工艺流程

5）振动磨生产工艺。振动磨是一种利用研磨介质（球、柱、棒状）对高频振动筒体内的材料进行冲击、摩擦和剪切的细磨和超细粉磨设备。振动磨按振动特性可分为惯性式和偏转式；按筒体数可分为单筒式、双筒式和多筒式；按运行方式可分为间歇式和连续式。

宝钢钢渣比表面积为 430 m^2/kg 时，电耗仅为 41 kW·h/t，振动试验结果表明，当渣粉比表面积为 450 m^2/kg 左右时，振动粉磨所需粉磨时间仅为球磨机的 1/10～1/9。同时，钢棒的粉磨效果优于钢锻。这是因为钢筋的冲击力大，钢筋之间的间隙小，这对研磨材料的颗粒有选择性，所以破碎速度快；而钢锻的冲击力均匀，更妨碍缩小产品的粒度分布范围。

由于弹簧、轴承材料和性能的影响，我国基本上没有大规模的振动磨。振动磨难以用于渣粉的工业生产，但可用于小型企业生产超细渣粉。

(3) 高炉矿渣微粉生产实例。现结合某钢铁厂年产 1.8×10^6 t 高炉矿渣微粉生产线为例进行具体介绍。

1) 建设规模。渣粉厂工程分为两个阶段。第一阶段包括一条 6.0×10^5 t 矿渣粉的年生产线，第二阶段包括两条 6.0×10^5 t 矿渣粉的生产线。两期建成后，形成年产 1.8×10^6 t 矿渣粉（S95 级）的生产规模。由于当地气候条件，冬季无法销售，每年只能生产 8 个月，两期建成后项目实际规模将达到 1.2×10^6 吨。主要产品为符合国家标准的矿渣微粉，成品比表面积为 430 m^2/kg。

2) 高炉矿渣微粉生产工艺流程。高炉矿渣微粉生产工艺流程见图 3-36。

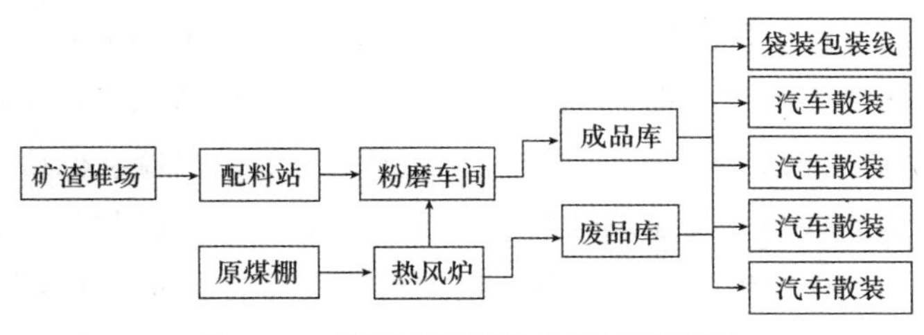

图 3-36　高炉矿渣微粉生产工艺流程

3) 高炉矿渣微粉生产系统流程处理过程包括三个主要系统（见图 3-37）：原燃料储存和供配料系统、磨渣和废气处理系统以及成品储存和散包装系统。

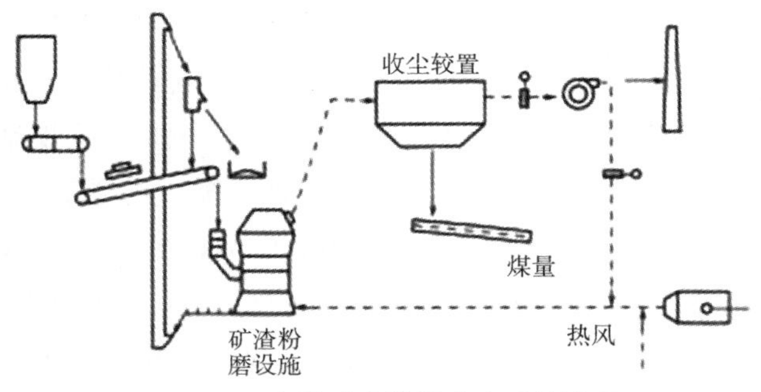

图 3-37　高炉矿渣微粉生产系统流程

4）原燃料储存及供配料系统。原料渣场一般为露天堆场，面积约 2.2×10^4 m^2，堆场四周设 3m 高挡墙。石膏及其掺合料设置在 2 400 m^2 露天堆场和 18 m×48 m 棚内，每条生产线设有配料站。由 ϕ7m×4 个筒仓组成，仓容 4×180 t，仓容材料为渣、石膏、粉煤灰、煤石千石等。另设原煤棚为 18m×36m（一期，混凝土结构）。

渣直接从车内排入渣场。渣由装载机送入受料斗，再由皮带机送入配料站的渣仓。

石膏及掺合料由汽车卸至石膏及掺合堆棚或堆场。石膏及掺合料经细破碎机破碎后，用提升机送入石膏及掺合料仓库。

粉煤灰由散装运输车气力输送直接送入粉煤灰库（钢板仓）。

在库底采用电子皮带秤和螺旋秤精确配料。配料后的配料通过库底带式输送机送至磨房。

在每个圆库的顶部有一个脉冲袋式收尘器，用于收集每个仓库进料的粉尘，在每个仓库的底部有一个袋式收尘器，用于收集所有扬尘点的粉尘。水库顶部和底部各收尘器的粉尘排放浓度均小于 35 mg/m^3（标准）。

5）矿渣粉磨及废气处理系统。粉磨系统由三台立磨渣机和配套的热风炉组成。每台立磨主电机功率 3 300（或 2 800）kW，配套分离器电机功率 250 kW，电压等级 10 000 V，粉磨系统的台时产量为 90t/h，年利用率 76.1%。

用电子皮带秤精确配料，然后通过配料站底部的皮带机送至粉磨室。用斗式提升机提升后，配合料入立磨上方的锁风给料机进行粉磨。立磨在负压下运行。细粉由磨机上出口收集后导入袋式除尘器。通过提升机和气力输送斜槽送至渣成品库。立磨的部分粗集料经提升机计量后，从底部排出，送入磨内。

立磨收尘采用气箱脉冲袋式除尘器（覆膜滤料）。处理量为 30 万 m^3/h，收尘后粉尘排放浓度小于 35 mg/m^3（标）。除尘系统收集的细粉送成品库。

每条生产线选用流化床燃煤热风炉。流化床热风炉由供煤系统、送风系统、主燃烧系统、炉体、炉门、冷渣斗、配风系统、热控系统、排气烟囱、电动切断阀等组成。煤耗约 3.2 t/h（煤热 5 000 kcal/kg）。其燃烧方式为：将煤破碎成小于 10 mm 的颗粒，送入炉内流化床，气流使煤颗粒保持在流化状态并燃烧，具有燃尽率高、燃烧速度快、节能环保等特点（炉内也可选用劣质煤）。

6）成品储存及散装。成品库一期采用2座 ϕ16 m×40 m圆形仓库。总有效储量为15万吨粉磨车间产品，采用气力输送溜槽运输入库。考虑到气候条件、材料特点和工艺特点，成品（圆）库采用钢筋混凝土结构。

成品仓物料由仓底气动卸料装置卸料，矿粉由气力输送溜槽和提升机送至仓侧包装车间。

每个仓库配备两套汽车散装机，成品由散装机运至市场。

脉冲袋式除尘器用于收集储层顶部的粉尘。除尘后，粉尘排放浓度小于30 mg/m^3（标准）。

7）成品包装。每个包装车间配备一台八口回转式包装机。包装系统最大台时产量为120 t/h，另设一套吨袋包装机。

成品库的成品由斗式提升机提升，直接进入振动筛。经过筛选，进入包装仓。包装仓的物料直接放入八口回转式包装机。人工装袋后，由带式输送机直接装车发放。

由斗式提升机提升后，成品库的成品直接进入振动筛，经筛析后进入包装仓。包装库内物料直接装入吨袋包装机，成品由电动葫芦直接装车配送。

包装车间有两台袋式除尘器。净化后的粉尘排放浓度小于35 mg/m^3（标准）。

包装车间设有装车栈桥，包装机袋装矿粉可通过皮带机和小车直接装车。

（4）矿渣微粉的利用。国内一些企业利用渣粉作为半成品和其他物料一起用来生产不同用途的产品，主要有以下几种方式。

1）用于配置硅酸盐水泥。矿渣硅酸盐水泥是将矿渣粉与水泥熟料按比例分别粉磨而成的混合物。据报道，50%比表面积为450 m^2/kg的矿渣粉在3d、7d、28d的抗压强度明显高于普通水泥，我国还开发了525高强度、低热、高掺量矿渣硅酸盐水泥。

2）矿渣微粉和钢渣微粉双掺生产复合粉。在渣粉中加入适量的钢渣粉，可以提高混凝土的液相碱度，从而减少钢筋的腐蚀，延长土结构的使用寿命。这种双掺粉特别适用于大体积混凝土构件或某些重要工程的关键部位。但在使用前，必须加强对钢渣粉中f-CaO和MgO的检测，严格控制两者的含量，保证两者的含量不超标，保证混凝土不受损坏。

3）矿渣微粉、硅灰和其他物质按一定比例生产高性能混凝土。硅灰，又称二氧化硅微粉，是在生产硅铁或工业硅时，由矿热炉产生的一种烟尘。

其特点是颗粒极细，活性好。硅灰的主要成分是二氧化硅。粒径大于 0.5 mm，最细粒径仅为 0.01 μm，比表面积为普通水泥 50～100 倍。掺入混凝土的硅灰可替代部分水泥，其有效替代系数可达 3～4。将矿渣粉与硅灰等物质混合，可制备出高性能混凝土。

（5）高炉矿渣微粉混凝土的性能。粒化高炉渣是钢铁厂高炉炼铁的副产品。它是从高炉熔渣水淬后获得的粒状材料。由于水淬后矿物缺乏结晶，大多数玻璃体材料具有很高的活性。

长期以来，粒化高炉渣一直被用作水泥混合料。由于水淬渣比水泥熟料更难磨，所以水泥中渣的粒度较粗。除细颗粒活性外，粗颗粒渣活性没有发挥作用，只是起到了微集料的作用。自 20 世纪 50 年代以来，南非、英国、美国、加拿大和日本分别采用细磨高炉矿渣粉代替一定量的水泥作为混凝土的掺合料。

现代高炉渣粉的概念不同于粒度较粗的混合渣。混凝土掺合料改为高粉磨细度的矿渣粉。由于矿渣粉磨细度高，其活性在碱性条件下得到充分发挥，大大提高了混凝土和水泥的性能。如用高炉渣粉作混凝土掺合料，可使新拌混凝土泌水少，塑性好；水化吸热慢，减少或避免大面积混凝土温度裂缝；使硬化混凝土具有良好的抗硫酸盐、抗氯离子和抗海水侵蚀能力；提高混凝土的密实度，使其具有良好的性能；混凝土具有良好的抗碳化性能和抑制碱集料反应能力，大大提高了混凝土的密实度和耐久性。高炉矿渣粉的这些优良性能引起了国内外混凝土行业的广泛关注。

中国冶炼集团建设研究总院在高炉矿渣粉作混凝土掺合料方面进行了大量的研究和开发。与中国建材研究院、宝山钢铁公司共同起草了《水泥混凝土用粒化高炉矿渣粉国家标准》。

1）掺高炉渣微粉混凝土的性能。

a. 掺渣粉混凝土强度。渣粉取代水泥用量与混凝土强度的关系如图 3-38 所示，图中显示了渣粉取代水泥用量与 7d 和 28d 混凝土强度的关系。

从图 3-38 可以看出，取代量为 40％时，混凝土的强度最高，取代量为 60％时，混凝土的强度仍高于无渣粉混凝土。

为了确定在高强度混凝土中掺入渣粉的效果，比较了以下条件下的混凝土强度：基准混凝土，即无渣粉和添加剂（见图 3-38）；仅掺渣粉，无添加剂；不掺渣粉，仅掺添加剂；渣粉和添加剂混合在一起。

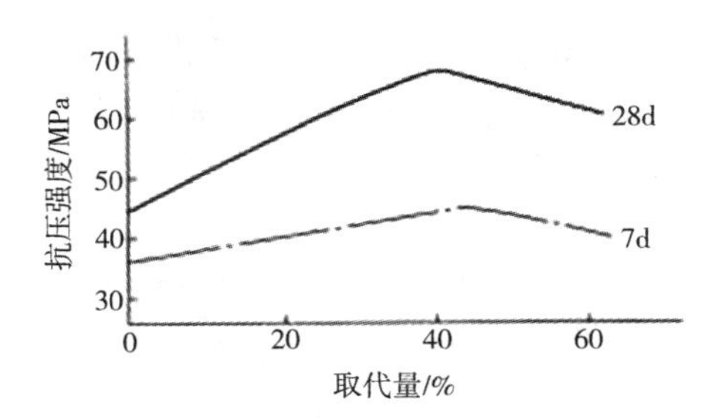

图 3-38 渣粉取代水泥量与混凝土强度的关系

渣粉比表面积：5 300 cm^2/g；525 号普硅水泥，R28＝58.6 MPa；水泥用量：500 cm^3/g 混凝土；外加剂：高效碱水剂掺量 C_x＝0.75％；混凝土坍落度：8～10 cm；石子：5～20 mm 碎卵石；砂子：细度模数 M_x＝2.84 的中砂

试验条件和试验结果如图 3-39 所示。

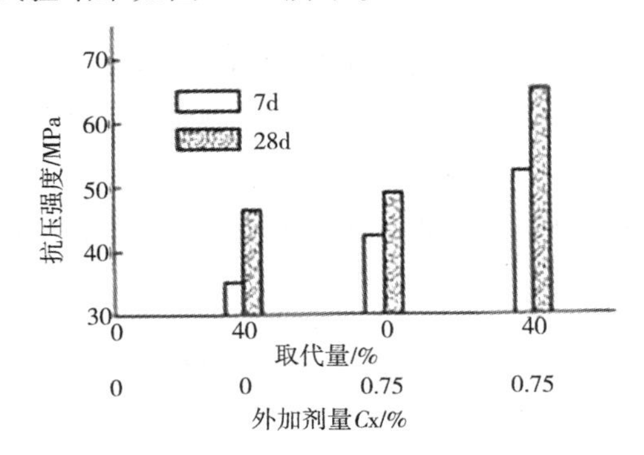

图 3-39 几种情况下混凝土强度对比

渣粉比表面积：5 300 cm^2/g；525 号普硅水泥，R28＝58.6 MPa；水泥用量：500 cm^3/g 混凝土；混凝土坍落度：7～9 cm

从图 3-39 可以看出，与标准混凝土相比，只有在一定程度上加入矿渣粉或掺合料，才能提高混凝土的强度。只有将矿渣粉与掺合料混合，才能大幅度提高双掺混凝土的 7d 和 28d 强度。与标准混凝土相比，双掺合料混凝土的 7d 强度和 28d 强度分别提高 46％和 62％。与单掺混凝土相比，双掺混凝土的 7d 强度和 28d 强度分别提高了 24％和 44％。因此，在添加添加剂的条件下，用 40％的矿渣粉均匀替代 40％的水泥，加固效果十分显著。

图 3-40 为采用同一配比，掺渣粉与不掺渣粉混凝土强度发展情况对比。

由图 3-40 可以看出，在相同水灰比下，无渣粉混凝土的和易性很差，坍落度仅为 0.6 cm；但当用 40％的渣粉代替 40％的水泥时，和易性明显提高，坍落度达到 12.3 cm；在相同水灰比下，掺渣粉混凝土的强度在 3d 较低，但在 7 d 及以后各龄期均较低。混凝土的周期强度比无渣粉混凝土高 7.8 MPa。

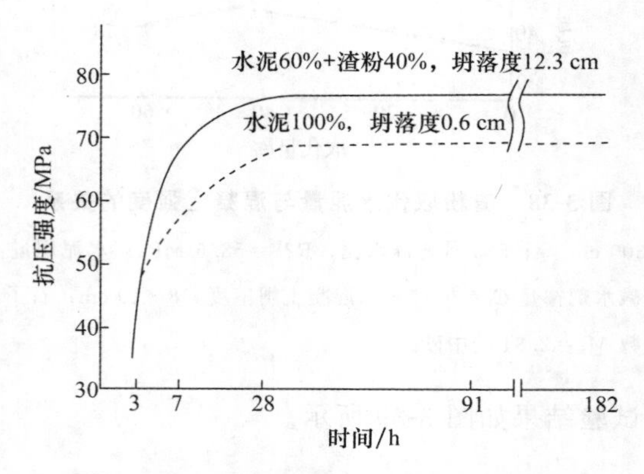

图 3-40 高强混凝土强度发展情况

渣粉比表面积：5300 cm²/g；525 号普硅水泥，R28＝58.6 MPa；水泥用量：500 cm³/g 混凝土；水灰比 0.32；外加剂（JG-2）掺量 C_x＝1%

b. 掺高炉渣微粉混凝土的物理力学性能。掺渣粉高强混凝土性能试验配合比见表 3-13。

表 3-13 高强混凝土性能试验配合比

编号	水泥		渣粉		水灰比	石子/(kg/m³)	砂子/(kg/m³)	水/(kg/m³)	外加剂	
	品种	数量/(kg/m³)	比表面积/(cm²/g)	数量/(kg/m³)					品种	掺量 C_x/(%)
A	525 号普硅	300	5 300	200	0.32	1 131	609	160	JG-2	1.0
B	525 号普硅	500			0.32	1 131	609	160	JG-2	1.0

在配合比相同条件下，渣粉的掺入改善了混凝土的和易性，增加了混凝土的坍落度，而旦混凝土的强度还有所提高（见表 3-14）。

表 3-14 掺与不掺渣粉高强混凝土坍落度比较

编号	渣粉取代水泥量/(%)	水灰比	混凝土坍落度/cm	混凝土强度/MPa
A	40	0.32	12.3	73.7
B	0	0.32	0.6	65.1

用比表面积为 4 000 cm²/g 的渣粉等量取代 20%～80%的 452 号矿渣水

泥后，水泥水化热降低趋势如图 3-41 所示。

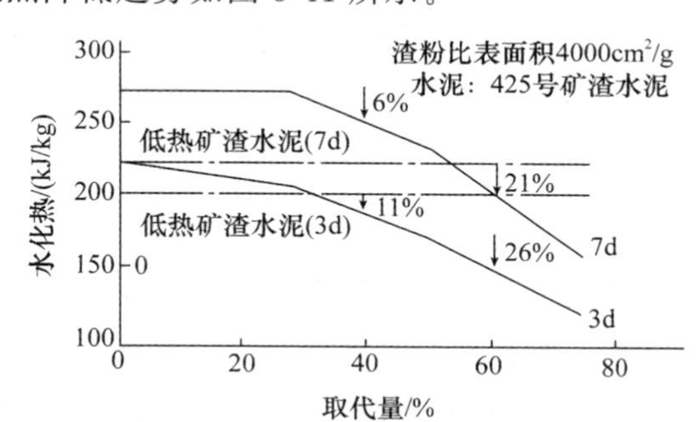

图 3-41 渣粉取代量与水泥水化热的关系

从图 3-41 可以看出，掺渣粉的水泥水化热随渣粉含量的增加而逐渐降低。掺 40%和 60%矿渣粉的水泥水化热比分别降低 11%、26%（3d）和 6%、21%（7d）。当矿渣粉含量为 60%时，3d 和 7d 的水化热均低于低热矿渣水泥。

掺渣粉高强混凝土其他力学性能与普通高强混凝土相当（见表 3-15）。

表 3-15 掺渣粉高强混凝土物理力学性能与其他单位测定的普通混凝土性能的比较

数据来源	抗压强度/MPa	抗劈强度		抗折强度		轴心抗压		弹性模量/×10⁴MPa	钢筋黏结力/MPa	备注
		MPa	%	MPa	%	MPa	%			
编号 A	73.7	5.96	8.1	7.98	10.8	68.7	93	3.67	6.39	掺渣粉
上海杨浦大桥主塔	59.7～67.3								3.58～3.85	
铁道研究院	60～70				7.5～9.0		98.5	3.4～4.5		无渣粉
辽宁工业技术交流工程	61.0	4.33	7.10	5.58	9.10	57.4	88.4	3.85		
渣粉混凝土	约 71.7	约 5.48	约 8.7	约 6.96	约 10.8	约 63.4	约 98.7	约 4.18		

注：表中%值为各项性能测定值与抗压强度比值的百分数。

从表 3-15 可知，掺高炉渣微粉混凝土其他力学性能与不掺渣粉的普通混凝土性能指标基本相近。

2）掺高炉渣微粉混凝土的耐久性。

a. 抗冻性能。从表 3-16 可以看出，冻融 25 次，其重量和强度损失都不大。

表 3-16 掺渣粉混凝土的抗冻性能

编号	渣粉取代水泥量/%	冻后试件外观情况	冻融 25 次		备注
			重量损失/(%)	强度损失/(%)	
C	50	完整无损	0.08	7.3	中冶集团建筑研究总院数据
上海市政	40		0.04	1.7	上海市政一公司数据

日本有关资料表明，掺渣粉的高强混凝土，只要在初期加强潮湿养护，抗冻性就很好。图 3-42 为在水中养护 14d 和 28d 的试样冻融试验结果。虽然养护期短，但反复冻融后相对动态弹性模量的变化仍然很好。

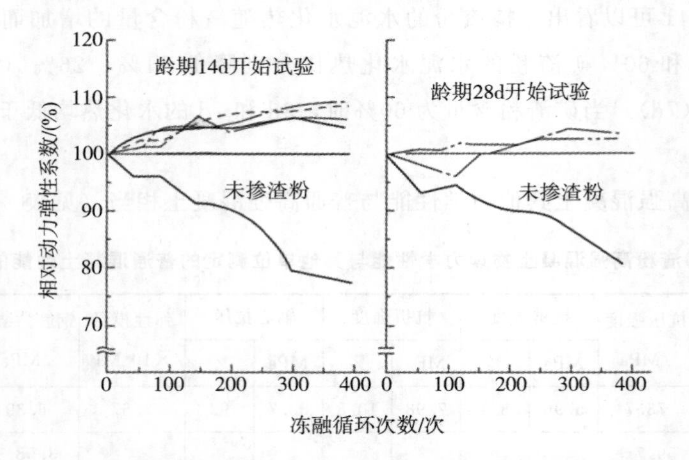

图 3-42 冻融循环次数与相对动力弹性模量的关系

空气量：4.0%～4.5%；胶结材料量：320 kg/m³；渣粉取代量：55%；

渣粉细度：—·— 3 290 cm²/g；— · · — 4 500 cm²/g；— — — 5 580 cm²/g；—— 7 860 cm²/g

b. 混凝土收缩性。混凝土的收缩应变一般在(6～9)×10^{-4}之间。一般认为，由于水灰比远低于低强度混凝土，高强度混凝土的收缩率比低强度混凝土低约 10%（初始收缩可能较大)。用活性矿物掺合料代替部分水泥可减少混凝土的收缩。

图 3-43 显示了由中山冶金集团建筑研究总院和上海市市政一公司测量的随龄期变化的掺渣混凝土收缩值。

图 3-44 为日本的试验结果。

从图 3-43 和图 3-44 可以看出，掺渣粉混凝土的干缩比普通混凝土小。从图 3-44 可以看出，收缩在后期（28d 后）有所减少。

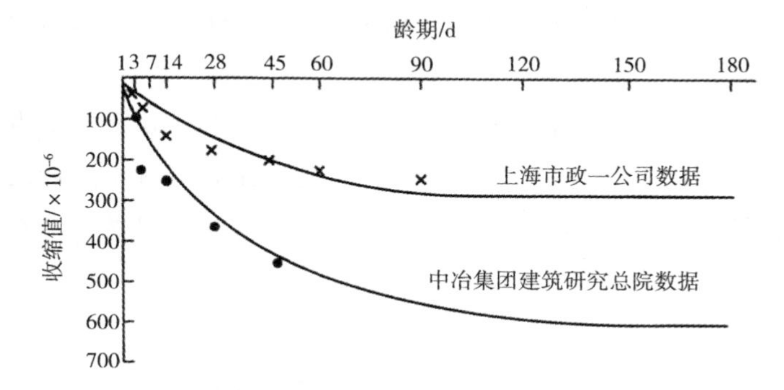

图 3-43 掺渣粉混凝土的收缩值随龄期的变化

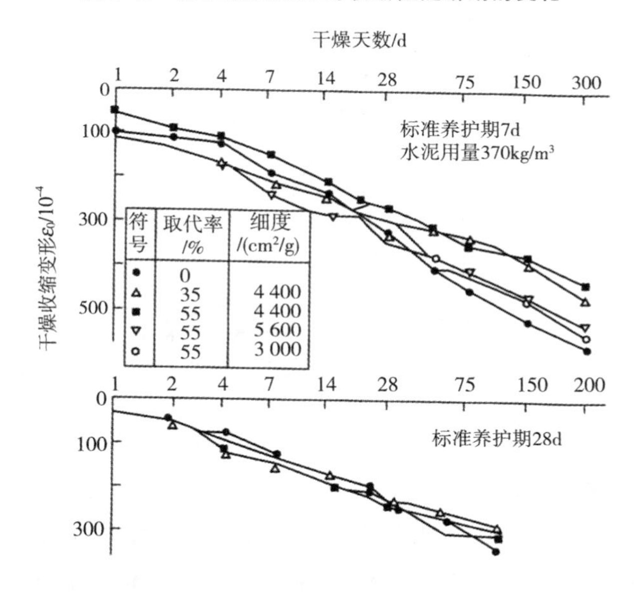

图 3-44 干燥收缩与干燥龄期的关系

c. 抗渗性能。上海正毅公司测定的掺渣粉高强混凝土抗渗压力为 22 MPa 时，其渗透系数仅为 5 mm。因此，掺渣粉混凝土的抗渗性能优良，能满足水工混凝土的要求。

d. 抗碳化性能。中国冶炼集团建筑研究总院的试验结果表明，掺渣混凝土和对比混凝土试件碳化 28d 后，其重量和强度均得到了提高。上海某市政管理公司测定的掺渣混凝土碳化深度小于 1 mm。以上两个单元试验表明，矿渣粉混凝土具有良好的抗碳化性能。

e. 高炉渣微粉对碱集料反应的抑制作用。根据日本资料，当必须使用与水泥中碱能反应的集料时，用高炉渣粉代替部分水泥可有效抑制碱集料反应引起的膨胀。

矿渣粉取代水泥用量越大，膨胀率越小，如图 3-45 所示。当水泥中总碱（R_2O）含量为1%时，替代量为40%。近年来，当日本生产的硅酸盐水泥的总碱含量小于0.8%，平均碱含量小于0.63%时，认为矿渣粉的替代量大于40%。

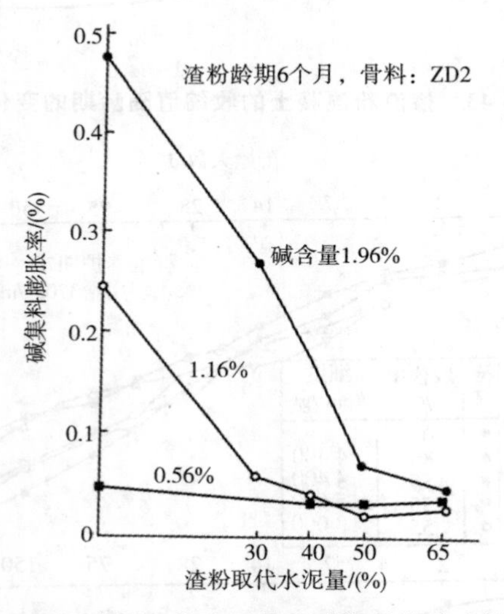

图 3-45　渣粉取代水泥量与碱集料膨胀率的关系

3. 生产湿碾矿渣混凝土

湿碾矿渣混凝土是由水渣制成的混凝土。将矿渣和激发剂（水泥、石灰、石膏）置于轮碾机中，用水磨细，制成与粗集料混合的砂浆石。湿碾矿渣混凝土的拉伸强度、弹性模量、抗疲劳性能、钢筋黏结力等物理力学性能与普通混凝土相似。其主要优点是具有良好的透水性，可制成性能良好的防水混凝土；具有良好的耐热性，可用于600℃以下的热工工程；可制成抗压混凝土，强度低于50 MPa。

（1）湿碾矿渣混凝土的原材料和配比。湿碾矿渣混凝土的组成包括水渣、激发剂、水和粗集料。水渣最终在湿碾矿渣混凝土中形成胶结料和细集料，占混凝土总量的40%。一般情况下，应使用体积为700～1 200 kg/m^3 的水渣。水渣体积过大，活性低，渣粒强度低，体积过轻。

有两种激发剂：碱性激发剂和硫酸盐激发剂。碱性激发剂主要采用石灰和硅酸盐水泥。石灰激发剂的作用是通过使水渣中的活性组分水化来提高碱度。石灰含量可用有效氧化钙量来测定。可以使用生石灰、熟石灰和石灰石膏。其含量仅限于水化过程中水渣的液态碱度，以及水渣中活性硅酸和氧化铝的含量。它与炉渣的化学成分和矿物成分有关。对于高碱水渣，石灰的适宜含量为 3%～15%。当碱度较低时，石灰的用量可以增加，反之，石灰的用量可以减少。硅酸盐水泥作为活化剂的作用取决于硅酸盐三钙在熟料中的水化过程中析出的 $Ca(OH)_2$。水泥的含量与渣的性质有关。对于碱度较低的中性渣，水泥含量较高。硫酸盐活化剂通常指石膏。其作用是利用 $CaSO_4$ 对钢渣水化铝酸钙进行激发，生成水化硫铝酸钙，成为湿压钢渣混凝土的重要强度组分。硫酸盐激发剂含量低于碱性活化剂，一般大于 5%。

（2）湿碾矿渣混凝土的生产工艺及施工要求。原材料搅拌时，由于水渣较轻，搅拌时间内加水量不大，建议采用强制式砂浆搅拌机，以使水渣与激发剂混合均匀。在生产过程中，砂浆细度的控制取决于粉磨时间或进料速度。研磨砂浆的停放时间不应超过 2 h，否则会降低混凝土的强度。由于砂浆黏结性强，不易与集料混合均匀。在与湿碾砂浆和集料混合之前，应事先将集料弄湿或在搅拌机中加入适量的水，然后将湿碾砂浆和大部分水加入混合。湿碾矿渣混凝土具有高黏性和低流动性。捣固工作应比普通混凝土更为重视。尽量使用频率较高的振动器。当使用捣固棒时，应振捣混凝土，直至其不再下沉。随着湿滚渣混凝土强度的缓慢发展和浇水养护时间的延长，湿滚渣混凝土在蒸汽养护下的强度迅速发展。

（3）湿碾矿渣混凝土的物理力学性能。与普通混凝土相比，湿碾矿渣混凝土早期强度较低，后期强度增长较快。湿碾渣混凝土的强度一年增加两次，普通混凝土的强度增加幅度不大。湿碾矿渣混凝土具有良好的密实性，冻融循环试验后其强度比普通混凝土的强度下降幅度小。湿碾矿渣混凝土的抗拉强度高于普通混凝土。湿碾矿渣混凝土的抗折强度与抗压强度之比为 0.17～0.28。弹性模量等其他性能与普通混凝土相似。

从这类混凝土的特点来看，它适用于小型混凝土预制厂生产混凝土构件，但不适用于施工现场的浇筑施工。

4. 矿渣碎石的利用

高炉渣碎石（重渣）在我国已使用数十年，在工程建设中广泛应用于混凝土工程。

（1）矿渣碎石的性能。

1）矿渣碎石的稳定性。渣碎石使用中最令人担忧的问题是渣碎石的稳定性。在自然条件下，在缓慢冷却或堆置过程中，重渣会发生粉化和破碎。重渣分解有三种类型：硅酸盐分解、铁锰分解和石灰石分解。

2）矿渣碎石的物理力学性能。渣碎石的容重高于石灰石，渣碎石的容重与天然岩石相似。渣碎石的吸水率随体积和质量的减小而增大。渣碎石的稳定性、坚固性、冲击强度和磨耗率均满足工程应用的要求。

（2）矿渣碎石混凝土。渣碎石混凝土是以高炉重渣（缓冷高炉渣）为集料经破碎、筛选而成的混凝土。

随着我国高炉重渣开采场地的不断增多，渣碎石混凝土的应用范围不断扩大，在冶金建设场地的大部分钢筋混凝土工程和构件中都采用了渣碎石混凝土。在使用中，不仅取得了良好的技术效果，而且具有显著的经济效益和社会效益。

1）矿渣碎石集料的特点。渣碎石与普通碎石的主要区别在于，它有或多或少可见的孔洞。密度、孔隙度和吸水率变化较大。渣碎石的密度大多小于普通碎石，其空隙率和吸水率大多高于普通碎石。渣碎石表面粗糙，渣中含有水工活性和潜活性矿物。

由于渣碎石表面粗糙，混凝土中渣碎石与水泥石的黏结紧密牢固，提高了混凝土的整体工作性能。由于矿渣集料中含有具有水化活性和潜在活性矿物的矿物，这些矿物成分受到水泥激发剂和混凝土中的水的影响，导致水化硬化，使混凝土的强度不断提高，性能得到改善。因此，即使采用多孔的渣碎石作为集料，也可以制备出标号较高、性能良好的混凝土。

2）矿渣碎石混凝土基本性能。

a. 立方强度和轴心抗压强度。由于渣碎石混凝土具有良好的综合性能，即使采用多孔渣碎石作为集料，在水灰比相同的情况下，渣碎石混凝土也具有与普通碎石混凝土相同的标准立方强度和轴心抗压强度。

b. 抗拉强度和抗折强度。混凝土的抗拉强度对材料的匀质性很敏感。因此，渣碎石混凝土的抗拉、抗折强度随渣密度的降低（空隙率的增加）而降低，其强度大多略低于普通碎石混凝土，但一般符合《混凝土结构设计规范》（GB 50010—2010）结构的标准强度值。

c. 抗压弹性模量。混凝土的弹性模量与材料性能、水灰比和混凝土标号有关。渣碎石是一种密度（空隙率）变化较大的碎石。渣碎石混凝土的弹性模量随渣密度的减小而减小。当渣碎石的密度与普通碎石相似时，混凝土的弹性模量也相似。渣碎石的密度大多小于普通碎石，因此渣碎石混凝土的弹性模量大多略低于普通碎石混凝土。

d. 渣碎石混凝土的抗疲劳性能。采用结构致密的矿渣碎石配制的混凝土具有良好的抗疲劳性能。例如，对堆积密度为 1 300 kg/m^3 的 400 号渣碎石混凝土进行了疲劳试验，并根据重型工作系统和最不利的应力状态选择了疲劳试验参数，取：疲劳基数 $n=400$ 万次；应力循环特征 $\rho=0.15$；最大应力 $\sigma_{max}=0.55Ra'$（Ra'是疲劳试验开始龄期混凝土的轴心抗压强度）；加荷频率 $\theta=500$ 次/min。

三个试件的疲劳强度大于 $0.55Ra'$，经过 4 000 万次疲劳试验后，无损伤迹象。试验后的变形模量为初始弹性模量的 49.5%～55%。

e. 矿渣碎石混凝土的抗冻性。渣碎石混凝土具有良好的抗冻性。冻融循环 25 次后，试样完整，强度损失仅为 2.5%～6.8%，远低于规范规定的强度损失不超过 25%的限值。

f. 渣碎石混凝土的抗渗性。由于渣碎石表面粗糙，且渣碎石与水泥石粘结牢固，故渣碎石混凝土具有良好的抗渗性。以堆积密度 1 170 kg/m^3、级配满足要求的渣碎石为骨料，配制水灰比 0.6、水泥用量 300 kg/m^3 的混凝土。其抗渗性标签高达 S18。

g. 渣碎石混凝土的保温性能。混凝土导热系数随集料密度的降低（空隙率的增加）而降低。渣碎石的密度大多小于普通碎石，混凝土的导热系数大多小于普通混凝土。因此，渣碎石混凝土比普通混凝土具有更好的保温性能（见表 3-17）。

表 3-17　混凝土的导热性能

粗集料		水灰比	水泥用量 /(kg/m^2)	混凝土干密度 /(kg/m^3)	混凝土热导率 /[W/（m·K)]	R28 /MPa
种类	堆积密度/(mg/m^2)					
石灰石	1 400	0.8	240	2 304	1.299	15.6
重矿渣	1 216	0.8	240	2 176	1.115	17.8
重矿渣	1 110	0.8	240	2 108	1.750	21.2
重矿渣	1 000	0.8	240	2 100	0.695	10.3

注：R28 指混凝土 28d 的强度。

3）矿渣碎石混凝土的应用。随着渣碎石混凝土的推广应用，实践证明，该技术效果良好，能充分利用高炉重渣，有效地消除了钢铁企业无处排渣的顾虑。高炉重渣开采工艺简单，投资少，见效快，经济效益好。采用矿渣碎石混凝土集料具有技术效果好、价格比普通碎石便宜、当地材料运输成本低、经济效益显著等优点。因此，高炉重渣的开发和渣碎石混凝土的应用得到了迅速的发展，应用范围不断扩大。渣碎石混凝土不仅广泛应用于钢筋混凝土板、柱等工业与民用建筑及构筑物中，还广泛应用于钢筋混凝土轨枕、吊车梁、桁架、大屋面板、楼板和墙板等工作温度低于700℃的防水混凝土和耐热混凝土工程中。利用渣碎石具有显著的经济效益和社会效益。

（3）矿渣碎石在道路工程中的应用。渣碎石由于其水硬性差、表面粗糙等特点，可用于公路建设。渣碎石含有许多小孔。它对光具有良好的漫反射性，摩擦系数高。渣碎石铺筑的沥青路面明亮度高，制动距离短，从安全角度看是理想的路面。路面潮湿时，碎石路面每小时60 km的车辆制动距离为36 m，渣碎石路面仅为28.29 m。渣碎石也比普通碎石具有更高的耐热性，更适用于喷气式飞机的跑道。在我国，渣土路面主要有沥青渣路面、沥青渣混凝土路面和水泥渣混凝土路面，各种路面使用良好。

（4）矿渣碎石在铁路道碴上的应用。利用渣碎石作铁路道路被称为矿渣道碴。矿渣道碴广泛应用于钢铁企业的铁路专用线。目前已广泛应用于木轨枕、预应力钢筋混凝土轨枕等线路，在国家级铁路干线上的试验应用也取得了成果。

5. 膨珠用作轻集料

膨珠是在半淬火作用下形成的。珠子中有气体和化学能。它们多孔，重量轻（松装密度400～1 200 kg/m³），表面光滑，松装密度高于陶粒、浮石等轻集料，具有良好的物理和机械性能。膨珠具有与水淬渣相同的化学活性，具有保温、隔热、吸水率低、抗压强度高、弹性模量高等优点。

膨珠和水渣的化学成分和矿物成分相同，玻璃体含量在90%以上。它们具有相同的活性和相似的可磨性，可代替水渣用作水泥混合料。首先，它不需要破碎，可直接用作轻质混凝土骨料和水泥生产原料。当用作混凝土集料时，可节约水泥20%左右。混凝土在干燥过程中的收缩很小，其原因是膨珠中孔隙的封闭性较强和吸水性较差，这是膨胀页岩或天然浮石等轻集料所不及的。膨珠的自然级配由粗、细混合的颗粒组成，其中约50%为2.5～

10 mm的颗粒。由于膨胀颗粒级配中0.6 mm以下颗粒太少，在配制混凝土时适当掺入粉煤灰，可提高混凝土混合料的和易性，减少水泥用量。一般来说，每立方米混凝土的粉煤灰量为100～150 kg。C10～C30混凝土可通过膨珠制备。膨珠混凝土的主要特点包括以下几点。

（1）弹性模量高。膨珠是一种高强度、玻璃质的集料。收缩率小，吸水率低。膨珠混凝土的弹性模量比浮石混凝土、陶粒混凝土等轻集料混凝土高。

（2）热导率低。膨珠中有大量的微孔，相组成中有大量的玻璃体，膨珠混凝土的导热系数低于同等体积的其他轻集料混凝土。

（3）强度高。膨珠集料是一种含有活性成分的具有潜在活性的玻璃体。在水泥的激发下，与水作用发生水化硬化，从而提高混凝土的强度。普通膨珠混凝土的3个月强度为28d强度的150%。

膨珠用作轻质混凝土产品和结构的集料，如建筑砌块、地板、预制墙板和其他轻质混凝土产品。膨珠混凝土广泛应用于民用建筑和工业。此外，由于其具有多孔、重量轻、吸声、隔热等性能，也可用作防火隔热材料。

6. 作矿渣铸石

钛含量高，石英砂、铁矿石、铬矿石较少的渣生产的渣铸石的主要性能不低于玄武岩铸件。我国3%～4%一些单位尝试用高钛渣生产微晶铸石。方法是将60%～70%钛渣、30%～40%石英砂、3%～4%萤石加热至1 400～1 500℃，浇铸成型后放入退火窑，在650℃温度下保温1 h，自然缓冷。

7. 作微晶玻璃

微晶玻璃是一种应用广泛的新型无机材料。除了可以采用岩石，还可以采用高炉渣来生产微晶玻璃。微晶玻璃的主要原料是高炉渣，高炉渣占62%～78%，硅石占38%～22%或其他非铁冶金渣。一般来说，矿渣微晶玻璃需要由以下化学成分组成：二氧化硅40%～70%，三氧化二铝5%～15%，氧化钙15%～35%，晶核剂5%～10%氧化镁2%～12%，氯化钠2%～12%。

（1）基本原理。高炉渣的主要成分是CaO、Al_2O_3、SO_2、Fe_2O_3等，其中CaO、Al_2O_3、R_2O（K_2O+Na_2O）、Fe_2O_3等主要化学成分不仅有利于玻璃的熔化，而且可作为微晶玻璃的晶核剂。高炉渣中SiO_2含量偏低，其他成分偏高。硅砂可作为SiO_2的原料，既可提高SiO_2的含量，又可降低其他组分的含量。高炉渣中按比例加入硅砂、萤石等原料，充分混合后，加热至高温熔融状态，形成$CaO-Al_2O_3-MgO-SiO_2$微晶玻璃。通过添加不同的氧化物，可以调节微晶玻璃的颜色。

（2）生产工艺。利用高炉渣生产微晶玻璃有两种成熟的工业生产工艺，即压延法和烧结法。20世纪70年代，苏联发展了一套成功的压延成形生产工艺。工艺流程如图3-46所示。

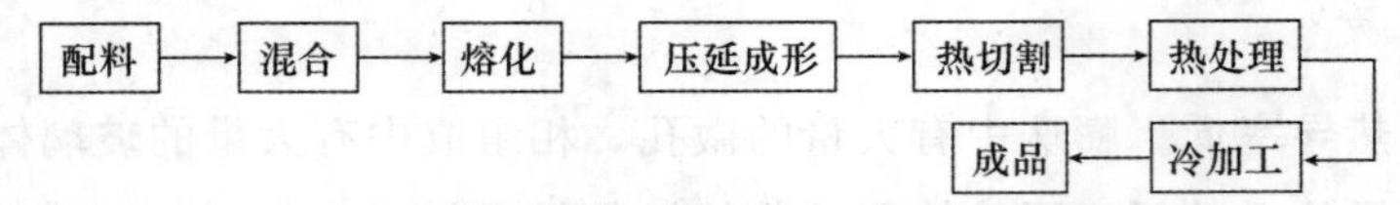

图 3-46　压延法生产微晶玻璃的工艺流程

将熔渣等玻璃原材料混合熔化，形成平面结晶玻璃，经打磨抛光，形成花纹美观的微晶玻璃，用于建筑装饰。压延微晶玻璃板幅宽大，质量稳定，产量大。该法的缺点是投资大，产品规格小。

在我国，以高炉渣为原料生产可渣微晶玻璃最常用的技术是熔融水淬烧结。熔融水淬烧结法是将配合料在高温下熔制成玻璃，熔制成的玻璃在水中淬火，水淬玻璃容易破碎成细颗粒，需要放入专用模具中。采用与陶瓷烧结类似的方式，将它们沉积在耐火模框中进行热处理，使玻璃粉在半熔化状态下致密，并成核析晶。生产过程如图3-47所示。

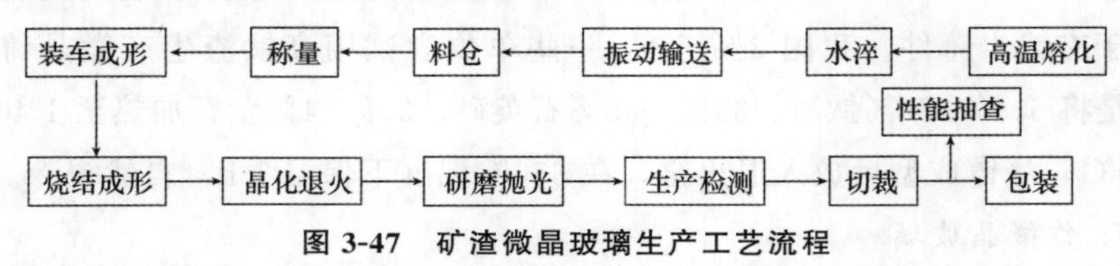

图 3-47　矿渣微晶玻璃生产工艺流程

采用熔融水淬烧结法制备渣微晶玻璃的主要优点：不需要传统的玻璃成型阶段，适用于生产熔融温度较高的微晶玻璃；水淬火后，玻璃颗粒细小，表面积增加，比熔融法制备的玻璃容易结晶；不必使用晶核剂；规格及厚度可变。但其主要缺点是能耗高，对生粉颗粒要求严格，过细或过厚都会影响产品的致密度。

钢铁企业可以采用熔融态高炉渣利用技术或蓄热式燃烧技术，根据自身实际情况严格控制粒度分布，有效地解决这些问题。燃料采用高炉煤气和焦炉煤气代替石油液化气、天然气、重油等国内微晶玻璃厂常用的高成本燃料。

由于其色泽鲜艳、色差小、永不褪色、结构紧凑、质地清晰、耐磨、耐风化、耐腐蚀、不吸水、独特的抗冻性、耐污染、无放射性等优点，微晶玻璃装饰面板越来越受到人们的认可，其理化性能和装饰效果远优于天然石材和高档建筑，具有广阔的应用前景。

8. *生产矿渣砖*

由于水渣没有足够的独立水硬性，在渣砖生产中应加入激发剂。常用的激发剂有两种：碱性激发剂（水泥或石灰）和硫酸盐激发剂（石膏），可单独使用或组合使用。石灰的作用是将石灰中的氧化钙和水硬性独立或较低的矿物（如 C_2S 和 C_3AS）在渣中水合，生成水化产物，经凝结硬化后产生强度。石灰中 CaO 含量越高，砖的强度越高。石灰的细度对砖的安全性有很大的影响。如果石灰颗粒较大，当石灰颗粒在砖中水合时，体积膨胀会产生巨大的内应力，即使含量很小，也会引起砖的开裂。有两种生产方法：一种是直接混拌法；另一种是混拌和轮碾法。

直接混拌法生产的渣砖是将水渣加入激发剂水泥或石灰、石膏等中，经称料、搅拌、成型、蒸汽养护而成。生产过程如图 3-48 所示。

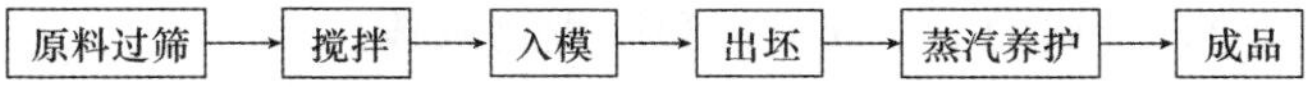

原料过筛 → 搅拌 → 入模 → 出坯 → 蒸汽养护 → 成品

图 3-48　直接混拌法矿渣砖生产工艺流程

用 87%～92%高炉渣、5%～8%水泥、3%～5%水混合生产的砖强度可达 10 MPa 左右，可用于普通建筑和地下建筑。

另外，将高炉渣磨成渣粉，按质量比加入 40%的渣粉和 60%的高炉渣，加水搅拌成型，在一定的蒸汽压力下蒸压 6 h，也可获得抗压强度高的砖。

通过混拌、轮碾制作矿渣砖，该方法的生产工艺如图 3-49 所示。

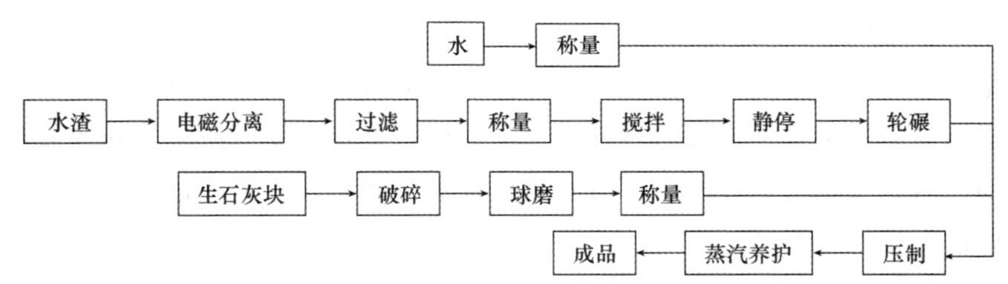

图 3-49　轮碾法矿渣砖生产工艺流程

原料按选定的比例称量配料。轮碾前水渣粒径小于 1 cm。先将水渣倒入搅拌机中使机器运转，再将生石灰倒入干燥的搅拌机中使石灰均匀分布在渣粒中，再加水搅拌。混合后，将混合料输送至消化仓静置，然后输送至轮碾机轮碾。保证一定的轮碾时间，根据轮碾机的性能，确定轮碾机在轮碾过程中加入的材料量，并将混合料轮碾后压入压砖机成型。渣砖堆放在封闭的养护池或蒸压釜中进行养护。该方法生产的渣砖具有良好的力学性能，但渣砖体积大、质量差。

3.3.2 用作农业肥料

硅肥是一种以氧化硅和氧化钙为主的矿物肥料。硅元素是水稻和其他作物生长所必需的营养元素之一。中国是一个农业大国，长期以来农田施肥一直以化肥为主。有机肥用量的减少使作物的必需元素越来越稀缺，特别是南方地区，土壤硅缺乏现象十分严重。

高炉渣的主要化学成分是丰富的硅和钙，大部分是易被植物吸收的可溶性硅酸盐。因此，水淬渣可作为一种非常重要的硅钙肥料。以炼铁过程中产生的渣为原料生产硅肥，资源十分丰富。韩国、日本、韩国、东南亚等许多国家在硅肥在农业中的推广应用方面进行了卓有成效的研究和开发。结果表明，水淬渣可作为矿物肥料、农药载体、污染土壤的生态修复材料（有机质、重金属等）、土壤的 pH 调节剂和微生物载体。

1. 硅肥的加工和生产工艺

硅肥的工艺流程：将水渣磨细，细度为 0.175～0.147 mm，加入适量的硅激发剂，搅拌装袋（或搅拌造粒装袋）。生产硅肥的主要设备有烘干机、球磨机、提升机、搅拌机、螺旋输送机、手提缝包机等辅助设备。如果生产颗粒状产品要添加造粒机，硅肥的工业生产工艺和设备相对简单。

目前国内外利用高炉渣生产硅肥的主要工艺有几种。

日本立邦钢铁公司名古屋 3 号高炉采用风淬法急冷处理炉渣。一次热回收率 62.6%，二次热回收率 70%，玻璃化率 96%。这不仅回收了废热，而且提高了渣的玻璃化率和活性硅的含量。对玻璃化率高的渣进行粉碎或加入添加剂后，达到一定规模后，可直接以商品硅肥的形式进入市场。渣硅肥的有效硅含量约为 20%。

韩国黄海炼铁研究所利用高炉渣生产硅肥的工艺流程如下：将高温高炉渣直接倒入水淬池中进行水淬，然后用抓斗机将水淬材料抓起来。在球磨机湿磨中加入 10%的粉煤灰，加水，粒度小于 0.5 mm，干燥后可得到硅肥。制备的硅肥含有 15%以上的可溶性硅，氧化钙和氧化镁的总量大于 30%。

德国用于化肥生产的钢铁渣在总渣量中占有非常重要的地位。其中，高炉渣作为石灰肥广泛应用于农林以中和酸性土壤。高炉渣石灰的主要技术是：直接将高炉渣磨成一定尺寸直接施用，或将高炉渣磨成一定尺寸，然后与磷酸盐组分混合施用。

我国硅肥发展相对缓慢。硅肥的研究始于 20 世纪 70 年代中期。80 年代末，河南科学院信阳硅肥厂成功利用高炉渣生产出硅肥，在全省建立了一批小型硅肥厂。鞍钢矿渣开发公司开发生产的高炉渣硅肥在东北地区得到了广泛的应用。其工艺流程：高炉渣经水淬、风干、破碎、除杂、球磨、过筛后即可制得商品硅肥。

2. 利用高炉渣开发硅肥实例

利用高炉渣开发新型肥料——硅肥，使高炉渣的开发利用对农业生产做出贡献。

（1）硅肥的增产机理。硅肥已在国际上广泛应用。学术界公认，硅肥是第四大元素肥料，例如水稻在生产过程中要吸收大量的硅元素，20％～25％的硅元素由灌溉水供给，75％～80％的硅元素来自土壤。秸秆和稻田对硅元素的吸收量高达 75 kg/亩，是氮、磷、钾元素吸收总量的 1.5 倍。硅元素是植物的主要成分，不同植物的植物灰中主要化学成分的质量分数不同，见表 3-18。

表 3-18　不同植物的植物灰中主要化学成分的质量分数　　单位：％

植物	SiO_2	CaO	K_2O	MgO	P_2O_3	Fe_2O_3	MnO
水稻	61.4	2.8	8.9	1.3	1.4	0.1	0.2
小麦	58.7	6.5	18.1	5.4	0.7	1.3	0.1
大麦	36.2	16.5	11.9	6.9	2.1	0.3	0.4
大豆	15.1	16.5	25.3	14.1	4.8	0.8	0.8

硅肥还含有多种植物必需的中量、微量元素。

随着有机肥的减少和作物产量的不断增加，土壤中的硅元素被迅速吸收和消耗，土壤中可供作物吸收的有效硅含量远远不能满足作物可持续生产的需要。因此，根据作物特点，补充硅肥是提高作物产量的有效途径。硅肥施用对作物有以下主要影响：对作物有重要的营养作用；有利于提高作物的光合作用；提高作物对病虫害的抗性；提高作物的抗倒伏性；对作物根腐病有一定的防治作用，可提高作物品质和产量。

为了提高硅肥的肥效，硅肥普遍作为基肥使用。水稻施用硅肥约 50～60 kg/亩。

(2) 生产原料、工艺和设备。生产硅肥的主要原料是炼铁过程中产生的钢渣和水渣。某钢厂每年排放的高炉水渣量超过 2×10^6 t，资源丰富。高炉水渣的主要化学成分的质量分数见表 3-19。

表 3-19　高炉水渣的主要化学成分的质量分数

成分	SiO_2	Al_2O_3	Fe_2O_3	CaO	MgO	MnO	S
质量分数/(%)	34.82	15.06	0.54	39.57	5.95	1.76	0.70

硅肥的加工工艺：将水渣磨至 80～100 目细度，加入适量的硅元素激发剂，搅拌混匀后装袋（或搅拌混合造粒后装袋）。

生产硅肥的主要设备：1 台烘干机、1 台球磨机、2 台提升机、1 台搅拌机、1 台螺旋输送机、1 台手提缝包机和其他辅助设备。如果生产粒状产品，应添加 1～2 台造粒机。一般来说，硅肥的工业生产工艺和设备比较简单。

(3) 硅肥的市场前景。根据相关资料，我国缺硅土壤面积较大。因此，从国家的角度来看，硅肥的市场容量相当大。研究表明，硅肥可使水稻增产 3.1%～14.8%。施肥后水稻秸秆含硅量明显高于对照区，但均未达到临界指标，说明增加施硅肥量可进一步提高产量，见表 3-20。

表 3-20　各地区农作物施用硅肥情况比较

取样地点	灌溉水中 SiO_2 的浓度/(mg/L)	土壤中有效 SiO_2 的浓度/10^{-6}	水稻茎杆中 SiO_2 的含量/(%)	
			硅肥试验区	对照区
A 地	3.5	365	5.62	5.47
B 地	2.5	221	4.41	4.05
C 地	1.5	321	4.88	4.85
D 地	9.2	420	6.94	6.27
E 地	1.7	217	4.93	4.61
F 地	1.3	306	5.59	5.07

3.3.3　含钛高炉渣的利用

1. 含钛高炉渣非提钛技术研究

(1) 用作建筑材料。由于普通矿渣中二氧化钛含量低，可直接用于水泥生产。然而，高炉渣中二氧化钛含量高，使其在高炉渣中的应用变得困难。但有研究表明，活性高钛高炉渣可作为建筑材料，并已成功地应用于混凝土集料、硅酸盐砌块、彩色路面砖、水泥掺合料、高钛石油支撑剂、免烧渣砖等。

（2）吹制矿棉。该工艺主要采用高钛重渣生产符合国家标准要求的矿渣棉。产品在热负荷下的收缩温度比传统的矿渣棉要好得多，它有耐火性和耐热性，是一种新型矿棉。生产设备和工艺与传统渣相同，而且工艺稳定可控，工艺流程如图 3-50 所示。

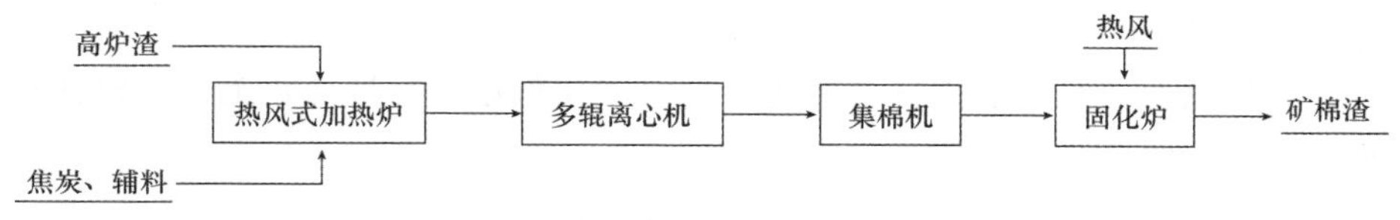

图 3-50　炉渣吹制矿棉工艺流程

（3）用含钛高炉渣制备光催化剂料。专利（CN0210977.12）提出了一种用含钛高炉渣制备光催化材料的方法，属于陶瓷材料的制备方法。它主要利用各种来源的含二氧化钛的高炉渣，通过破碎、分选、预烧、配料、球磨、负载、干燥、烧成、冷却工艺步骤，加入少量过渡金属或稀土化合物，将浆料负载于陶瓷、金属、玻璃有机化合物和建筑材料的表面，形成膜材料。该发明生产的膜材料不仅具有普通膜材料的性能，而且具有光催化性能，能够分解水中的有机污染物，净化环境空气，杀菌除臭，不仅降低了原料成本，而且利用了大量的工业废渣，综合性能优良，可生产散装物料。

（4）用含钛炼铁高炉渣制取钛白粉。在专利（CN86108511）中，提出了用含钛高炉渣制备钛白粉的方法，属于湿式生产二氧化钛领域。其特点是用 10%～90%的硫酸分解含钛高炉渣粉，控制硫酸用量和分解温度，用水和水解母液浸出钛硫酸盐，生产焊条级、搪瓷级和冶金级钛白粉，并使其完全符合我国现行使用标准。其成本低于用钛铁矿精矿制备的钛白，为我国从大量含钛高炉渣中回收钛提供了可行的技术途径，而且工艺简单，用常规设备就可以实现工业化。

（5）用含钛高炉渣直接制造微晶玻璃制品。在专利（CN89105864.8）中，介绍了用含钛高炉渣生产微晶玻璃的工艺。以含钛高炉渣为原料，1 450～1 600℃熔融制备微晶玻璃，无需任何辅助原料，经浇注或离心成型、再经退火和微晶化处理即可制得。熔池炉该专利采用水冷保护，使接触炉壁的渣液处于黏性状态，成为保护炉内耐火材料的新型炉墙。可处理大量含钛高炉渣，消除废渣对环境的污染。

(6) 用含钛炉渣制作陶瓷釉的配方。在专利（CN89105864.8）中，介绍了用含钛炉渣制作陶瓷釉的配方技术。在含钛炉渣中加入必要的配合料，制得陶瓷钛渣釉。钛渣釉综合利用了我国的矿产资源，消除了大量排放钛渣造成的环境污染。钛渣釉可替代乳浊釉，成本低；加入色釉后可获得各种彩色的艺术装饰釉；陶瓷制品表面采用钛渣釉，烧成后可提高陶瓷制品的产品等级。

2. 含钛高炉渣提钛技术研究

(1) 高温碳化低温选择性氯化。高温碳化低温选择性氯化工艺从含钛高炉渣提钛技术的流程如图 3-51 所示。

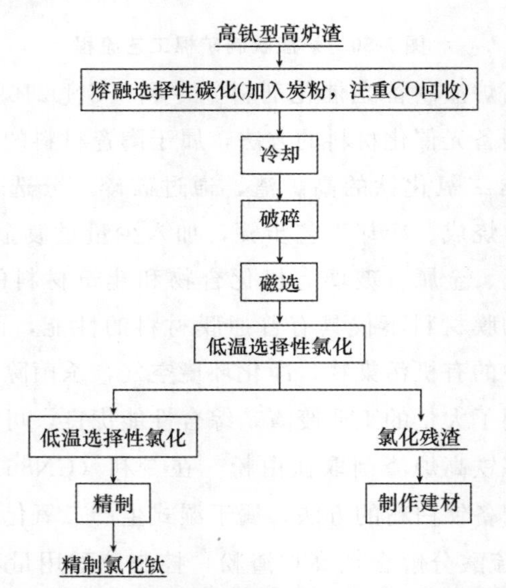

图 3-51 高温碳化低温选择性氯化及残渣综合利用流程

其工艺特点：工艺短，只有碳化和氯化两种工艺，生产的四氯化钛是钛工业发展的中间产品，可用于进一步开发氯化钛白、海绵钛、云母钛、钛酸酯及为生产二氧化钛而制备的附加晶种；热装工艺可充分利用熔渣的物理显热，达到节能降耗的目的；高温碳化、低温选择性氯化，避免了钛在渣中的赋存分散、品位低造成的难题，避免了高钙、高镁对氯化操作的影响；处理量大，处理效率高，碳化率为 85％～90％，钛回收率为 64％，碳化钛率 14％，碳化钛的氯化率为 90％，含钛高炉渣中二氧化钛的综合利用率为

57.3%。氯化残渣可作为水泥建材或土壤改良复合肥，无二次污染，工业化前景广阔。碳化渣的制备可以集中进行，氯化可以分散进行，解决了工程化场地的问题。

（2）等离子熔融还原提钛。等离子熔融还原提钛工艺流程如图 3-52 所示。

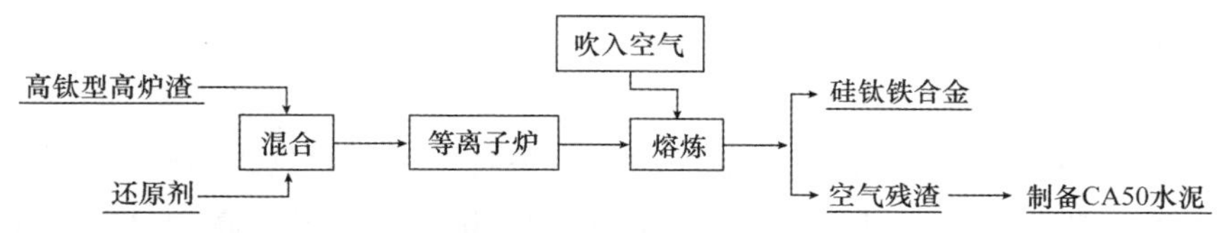

图 3-52　等离子熔融还原钛及残渣综合利用工艺流程

其工艺特点：还原产物中钛含量在 43%以上，钛提取渣中二氧化钛含量小于 2%；反应迅速，熔融时间短，设备易于大规模化，工作电弧稳定，噪声小，惰性气体保护下合金的燃烧损失小，合金的收率高；硅铁钛合金可用于微合金钢和特种钢的冶炼；在尾矿中加入 3%～6%的 BaO，再加入 CaO 对尾渣进行调质，可获得脱硫性较好的炼钢精炼脱硫剂的基础渣。

（3）冶金改性选矿技术。高炉渣冶金改性选钛流程如图 3-53 所示。

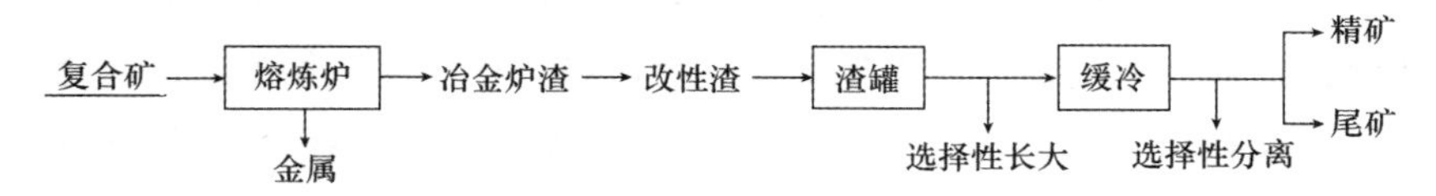

图 3-53　高钛型高炉渣冶金改性选钛流程

其工艺特点：在含 TiO_2 17.45%的改性高炉渣条件下，可获得含 TiO_2 40.12%的精矿，回收率技术指标为 38.66%。如果改性高炉渣中 TiO_2 含量超过 21%，则精矿 TiO_2 品位可达到 45%以上；选矿工艺处理量大，3.0×10^6 t 高炉渣年处理可获得约 40%的钛精矿 $(1.8\sim2.0)\times10^5$ t；选择性沉淀分离技术可以改变高钛高炉渣中钛矿物的“分散与细小”特性，实现“富集与长大”。选择性沉淀分离技术是集选矿、冶金为一体的绿色分离技术。它具有清洁、高效、运行成本低、加工能力大、适用性强的特点，但工艺流程长。

（4）用含钛高炉渣生产富钛料。在专利（CN200510021390.1）中，提出了一种利用钢铁冶炼产生的含钛高炉渣生产富钛材料的工艺。其基本过程是电磁波辐射含钛高炉渣，硫酸选择性酸解高炉渣中的钛，固液分离去除固相，液相再次受到电磁波的照射，辐照后加水水解结晶，从固体和液体中分离出来的固体被燃烧，产生富钛材料。酸解后的固相为钛硅石膏，可用作建筑材料。该发明公开了一种用含钛高炉渣生产富钛材料的工艺方法，不仅可以高回收率地回收高炉渣中的钛资源，而且还可以回收利用高炉渣中的其他有效组分，该组分与高炉渣中的其他有效组分具有良好的互补性，充分克服了现有技术处理高炉渣存在的问题，具有显著的经济效益和环保作用，以及社会效益。

4. 护炉添加料

将含钛高炉渣加入普通矿冶炼的高炉炉料中，一起进入高炉。高温下，含钛高炉渣中的二氧化钛还原成低价氧化物，形成熔点高的 TiC（熔点 3 140℃）和 TiN（熔点 2 950℃），熔于铁水，分布在渣中。当炉底和炉缸温度较低时，TiC（熔点 3 140℃）和 TiN（熔点 2 950℃）从铁液中析出，在炉缸和炉缸周围形成 TiC、TiN 和低价氧化物“钛结”保护层，以保护炉底、炉缸和出铁口。成都钢铁有限公司生产的大部分高炉渣每年作为护炉剂出口，也解决了高炉渣对环境的污染问题。钛渣作为传统的防护材料在许多钢铁厂已经使用了很长一段时间，在一些钢材中也采用了不定期的防护方法。

含钛高炉渣护炉的优越性在技术、经济、环保、综合利用等方面均优于其他含钛材料。这主要是由于其特殊的物理和化学特性。具体地说，含钛高炉渣一般含有高 CaO、高二氧化钛、高铁，渣中二氧化钛含量高于块矿或钒钛铁精矿。当粉料比石灰高一倍以上时，CaO＋MgO 可高达 35％，可替代相当数量的石灰石，减少石灰石的使用；渣中铁的回收价值可补偿购渣成本；热耗低，钛渣已经过冶炼，不需要化学反应过程的热量，渣中含有一定量的 TiC、TiN，可直接用于护子，减少结焦；熔化温度高（1 450～1 490℃），结渣晚，有利于炉况运行，也可抑制硅的还原，有利于低硅生铁的冶炼，有利于节能和炼钢；加工、运输、储存简单方便，成本低，钛渣价格最低，可直接投入高炉，消除了许多后处理工序，无需烧结、破碎等更复杂的工作，运输不受气候条件的限制，块矿量多，磷含量高，对高炉指标有不利影响。

3.3.4 用高炉渣处理废水

高炉水淬渣是一种潜在的活性玻璃体结构和多孔硅酸盐材料。对水中杂质有良好的吸附性能。利用高炉渣处理污水，可达到以废治废的目的，节约处理成本。目前，高炉渣主要从以下几个方面处理污水。

1. 处理生活污水

在不调整生活污水 pH 值的情况下，高炉水淬渣为 0.02 g/mL，作用时间 30 min，温度 25℃，COD（化学需氧量）去除率 79.9%，总磷去除率 85.6%。处理后的水达到国家标准一级标准。与其他处理方法相比，它具有工艺简单、处理成本低的优点，具有广阔的应用前景。但对于高炉水淬渣处理生活污水，由于有机物和磷的富集，形成的污泥容易对环境造成二次污染，建议采用堆肥和厌氧消化法处理污泥。

2. 处理染料

活化改性得到的混凝剂具有化学吸附和物理吸附双重功能。可用于多种废水处理。特别是改性高炉渣对所研究的两种染料（包括分散染料和活性染料）有良好的处理效果，大大降低了用量。实践证明，该混凝剂可用于多种废水的处理。改性提高了高炉渣的染料处理能力。

3. 处理黄磷生产污水

专利（CN00112770.5）利用炉渣余热分解碳酸盐处理污水。该方法涉及黄磷生产中的污水处理方法，特别是利用废渣余热分解碳酸盐处理污水的方法。将研磨成 0.147～1.651 mm（10 目）粉末的碳酸盐不断地喷洒在从炉中排出的熔渣上。碳酸盐经 1 000℃高温渣余热分解后与渣一起流入冲渣池。分解后的碳酸盐溶解在冲渣池中，进行化学反应，中和生产过程中形成的酸性，使废水的 pH 值大于 6，适用于黄磷生产过程中的废水处理。

4. 处理各种污水

专利（CN200510106635.0）提供了一种渣处理剂及其污水处理工艺和设备。它是以炉渣为主要成分，并按比例配入无机盐絮凝剂而制成的废水处理剂。废水在专用设备内高速旋转混合后，通过中和、吸附、絮凝、混凝沉淀等方法与废水分离。分离出的水经离子交换柱和消毒灭菌池处理，出水达到中水回用标准。本发明提供的污水处理剂具有较强的吸附、絮凝、过滤和沉淀功能。处理后的污泥可完全回收利用，用于处理各种生活污水和工业废水，出水满足中水回用要求，占地少，投资少，能耗低，运行成本低。以燃煤炉渣处理城市污水能够从根本上控制污染物对环境的危害，对创造绿色环境，改变良性生态循环具有积极意义。

此外，研究人员还发现，高炉渣可用作覆砂材料，用高炉渣覆盖海床污泥，对促进沉积物中污染物的分解和海水水质的净化起到积极作用：一是抑制了硫化氢的产生以防止赤潮的爆发；二是向海水供应硅酸盐以防止赤潮的爆发；第三，有利于提高底栖生物多样性，高炉渣上生物种类数量、个数和湿重远高于未被高炉渣覆盖的海底沉积物和海砂，略高于海底沉积物；四是吸收海水中的磷酸盐，控制海水富营养化。

3.3.5　制作矿渣棉

矿渣棉是以矿渣为主要原料（约 80%～90%），加入白云石、萤石等原料，经与焦炭燃料加热熔融后喷吹或离心而成的白色棉丝状矿物纤维，又称矿棉。生产矿渣棉的工艺流程如图 3-54 所示。矿渣棉具有轻质、保温、隔音、隔热、防震等性能。矿渣棉的成分和物理性能见表 3-22 和 3-23。

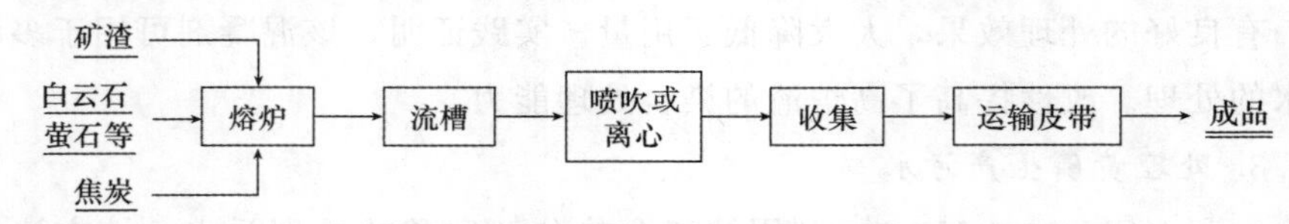

图 3-54　喷吹法生产矿渣棉的工艺流程

表 3-22　矿渣棉的主要成分

组成	SiO_2	Al_2O_3	CaO	MgO	S
质量分数/（%）	32～42	8～13	32～43	5～10	0.1～0.2

表 3-23　矿渣棉的物理性能

热导率/［W/（m·K）］	烧结温度/℃	密度/（g/cm³）	纤维细度/μm	使用范围/℃
0.033～0.041	780～820	0.13～0.15	4～6	200～800

矿渣棉可用作保温材料、吸声材料和防火材料，其加工产品广泛应用于冶金、机械、建筑、化工、交通运输等行业。

我国矿棉生产水平普遍较低。除了少数几家质量保证体系比较完善、产品质量接近或达到国际先进水平的大型企业外，许多中小企业的产品质量稳定性差，品种单一，易分层，抗压性、施工性和与其他建筑材料的结合性不理想，与国外同类产品相比，存在一定差距。为规范矿棉生产，促进技术进步，我国制定了《绝热用岩棉、矿渣棉及其制品》（GB/T 11835—2016）。

我国的矿棉主要用于工业保温，建筑业仅使用 10% 的矿棉，而国外 80%～90% 的矿棉产品用于建筑业。例如，日本主要利用高炉液态渣电熔生产渣棉。因此，这项技术的推广和发展，不仅将使冶金企业降低成本、提高效率，而且将促进我国建筑业节能保温建筑的发展和推广，提高我国建筑业的综合效益，改善人民的生活条件。矿棉市场发展空间大，预计潜在需求高达数百万吨，市场缺口较大。开发新型建筑渣棉制品是利用高炉渣的新途径。据报道，我国一些研究机构开发了一种新的一步法生产矿棉制品，对建筑产品有良好的效益。

我国在高炉渣向高附加值产品深加工技术领域前景广阔。

3.3.6 新型材料方面的应用

由于高炉渣具有独特的理化性质，人们对简单地将其作为建筑材料并不满意。近年来，许多学者开始将高炉渣开发成玻璃、陶瓷、硅灰石等多种新型复合材料和高附加值工业原料。下面将详细介绍高炉渣在新材料中的应用。

1. 生产玻璃

研究表明，高炉渣不仅可以作为玻璃生产的原料，而且可以作为陶瓷生产的原料。玻璃和陶瓷可通过向新高炉渣（约 1 500℃）中添加适当的熔剂（10%～15%）或将高炉渣与熔剂在 1 200℃左右的温度下重新熔化来制得。此处的熔剂为长石、萤石和铝硅酸钠。通过加入不同的熔剂可以得到不同的产品。

高炉渣在许多国家已被用作玻璃生产的原料。在生产过程中，高炉渣通常被用作氧化铝的来源。氧化铝作为玻璃中的稳定剂，提高了玻璃的耐久性，但用量不大，一般不超过 3%。有时高炉渣用作玻璃材料，可节约碱耗。当平板玻璃中的高炉渣掺入量为 8%～10%，瓶玻璃料中的高炉渣掺入量小于 14%时，可使 Na_2O 含量降低 1%～2%。

2. 制造陶瓷

根据玻璃陶瓷的制造原理，俄罗斯技术人员成功地研究出了主要用于建筑业的以高炉渣为原料制成的陶瓷，这种陶瓷叫作高炉渣陶瓷。高炉渣陶瓷生产工艺简单。乌拉尔汽车玻璃厂将康斯坦丁诺夫卡冶炼厂 50%的粒化高炉渣、砂、氟碳酸钠、硫酸钠、焦炭等混入玻璃熔池，形成聚合物熔体，然后辊轧成玻璃带，送入结晶炉进行热处理。循环周期正好是 2.5h。玻璃带转化为高炉渣陶瓷，最高热处理温度为 930℃，以 50 m/h 的速度，经加压通风冷却后，将高炉渣陶瓷带两侧修整至1.5 m宽，制成板材。玻璃或陶瓷可制成管道、地砖、路面砖、卫生器具、耐磨防腐保护涂料等。

专利（CN00119612.X）中，白陶瓷是由高炉渣制成的，其含钛量小于3%。高炉渣粉碎至0.833 mm（20目）以下，磁性除铁，球磨至0.074～0.147 mm（100～200目）。经除铁、筛料、添加添加剂、加水球磨制浆、除铁、喷粉、陈腐、压制成型坯后，送炉内锻烧。烧成温度1 100～1 250℃，烧成周期60 min，制成白瓷，这为高炉渣的生产开辟了一条可行的途径。制成的陶瓷的耐磨性、抗弯强度和陶瓷效果均优于普通陶瓷。

3. 其他应用

其他研究表明，在水淬炉渣中加入白云石，采用低温熔化法和低温结晶法可以合成工业用硅灰石。其中，SiO_2/CaO＝1.30～1.35的炉渣与石英砂的比例为4：1，加入10%白云石作为补钙助熔剂。将配合料研磨至0.1～0.8 mm（95%）并放入电阻炉中，在1 250℃下熔化90 min，取出速冷至1 050℃。与常规合成方法相比，硅灰石可显著降低能耗，大大提高转化率，节约成本35%以上。硅灰石是一种用途广泛的新型工业原料，被誉为工业"万金油"。由此可见，用高炉渣人工合成硅灰石，不仅为硅灰石的生产开辟了新的途径，而且是一种深入利用水淬渣资源的好方法。

3.3.7 高炉渣余热回收利用

在钢铁冶炼过程中，每吨生铁约产生400 kg高炉渣。根据炼铁渣热焰430 kcal/kg计算，每吨渣含标准煤热60 kg。因此，充分利用废热回收和高炉渣的综合利用，是钢铁工业节能降耗的有效途径。目前，我国高炉渣热能利用率很低。几种高炉渣余热回收技术介绍如下。

1. 冲渣水余热回收

我国高炉普遍采用水淬渣处理技术。水淬过程中消耗大量冷却水。冷却水带走了高炉渣的显热，目前几乎不回收利用。北方企业会利用冲渣水进行冬季供暖。高炉冲渣水具有热源温度低、流量大的特点，低温热水对普通钢材有一定的腐蚀性。另外，由于受热面积、流量等条件的限制，渣热利用率很低。因此，从高炉渣洗水中回收余热，既能节约能源，又能保护环境，具有重要意义。据估算，该工艺渣处理部分产生的过热蒸汽经锅炉传热后，可产生约120 kg的过热蒸汽，压力为13.82 MPa（绝对压力），温度为150～

500℃，可直接用于发电。目前，采用分离式热管蒸发器回收余热的方案较多。回收的余热可以通过低温制冷介质发电或制冷。

（1）高炉冲渣水余热回收发电系统。高炉冲渣水余热回收发电系统工艺流程如图 3-55 所示，主要由循环工质蒸汽发生器、动力机、循环增压泵和发电机组成。高炉洗渣水进入余热蒸汽发生器放热，循环工质进入余热蒸汽发生器吸热蒸发成蒸汽。工质蒸汽进入动力发动机，带动动力发动机转动，产生电能。动力机本身具有降低温度和压力的功能。液体工质在增压泵的作用下进入余热蒸汽发生器，再次吸热，循环流动。

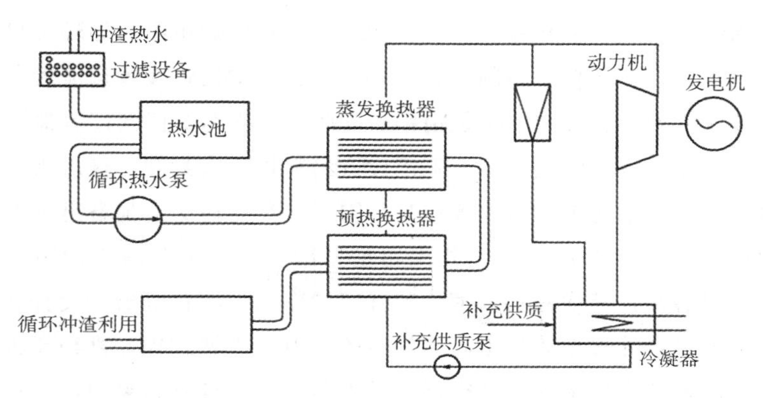

图 3-55 高炉冲渣水余热回收发电系统工艺流程

（2）一步蒸汽法高炉渣处理工艺及余热回收。一步蒸汽法高炉渣处理系统由渣处理、除尘过滤、蒸汽输送、渣输送、供水、污水处理等组成。系统设备主要由冷却池、热水池、沸腾釜、输送机、引风机、水泵、提升机、除尘器等组成。渣处理系统布置在高炉附近，渣直接进入系统的蒸汽罩。

在高炉出渣前，启动水泵向沸腾炉内注水。满水后，小流量的水由单台泵供给，多余的水从溢流口流回热水池。高炉液态渣通过渣沟直接进入沸腾釜进行泡渣。热渣把釜的水加热到 100℃，水开始沸腾，产生大量的蒸汽。蒸汽消耗部分水，消耗的水量正是水泵提供的水量。也就是说，沸腾釜总是处于满水状态，在 100℃的温度下煮沸，水泵补充水全部由渣加热成蒸汽，随着渣的不断流动，渣的热量被水吸收并被蒸汽带走。热损失只是除渣过程中渣体产生的热量的一部分。产生的蒸汽由水浴除尘器除尘净化，产生的渣由输送机输出。输送机的设计输送能力略大于高炉渣的产量，即沸腾釜内无渣，即使渣流量突然增加几倍，也不会造成沸腾釜内渣的堆积影响粒化。

出铁后关闭水泵，风机自动停止，工作循环结束。在重新出钢前，应启动水泵加水，以保证沸腾釜内的水总是满的，防止渣落在釜壁上，造成粘渣。

该工艺利用高炉渣的显热直接将水转化为蒸汽。工艺设备简单，蒸汽耗水量小。该工艺要求使用尽可能少的水，以确保高炉渣完全粒化，并且渣的大部分显热被蒸汽带走，同时对产生的蒸汽进行适当的除尘和脱硫。渣水应经过冷却、净化和循环利用，为从渣中提取铁创造有利条件。

（3）蒸汽循环法渣处理工艺及余热回收。蒸汽循环法渣处理工艺及装置主要由沸腾釜机组、一次除尘、二次除尘、余热锅炉机组、循环风机、发电机组（含水处理）及自动控制组成。高炉渣经渣沟匀流装置匀流后，通过给料器直接送入沸腾釜。沸腾釜是由钢板和耐火材料组成的封闭容器。上部设有出汽管、压力表、安全阀等，下部设有给料机、密封阀、输渣机、蒸汽回收管等，工艺要求将沸腾釜放置在高炉附近，每座高炉应配备至少配备两台渣处理设备（一台备用）。给料机采用星型给料机，采用高铬钢制造，具有耐高温和耐磨性，起到进料、密封和破碎的作用。给料机出口设有高压喷水装置。进入釜内的液态渣先由高速旋转的给料轮机械破碎，再经高压喷水冷却造粒。由于初冷喷水由计算机根据进入釜内的渣量自动控制，供水量根据入渣量进行调节，蒸汽喷射产生的热量仅为总潜热的一部分。大部分熔渣的显热不释放。水淬渣的目的不再是过去简单的冷却造粒过程，而主要是使渣凝固失去流动性，产生蒸汽。高炉渣初凝后，由给料机高速旋转造粒轮抛向反射板，再次进行动能破碎。在落渣过程中，落至釜下部后，由循环风机低温蒸汽冷却碎渣，冷却至 200℃左右，并通过下部旋转密封阀排放。一次冷却产生的高温蒸汽与沸腾釜上部循环冷却产生的蒸汽混合。上挡水板脱水除尘后，蒸汽除尘结构均匀，由出口管送至一、二次除尘器，用于余热锅炉的除尘换热。锅炉换热产生的高压蒸汽通过管道输送到发电机组发电。根据不同的生产需要，锅炉产生的蒸汽也可以通过减压直接并网使用。

在一步蒸汽法的基础上，采用了一种新的高炉渣处理工艺，该工艺首先用水对高炉渣进行淬火，产生蒸汽，然后通过风机循环冷却渣。该方法解决了单风冷渣法风机容量过大的问题，解决了现有水冷渣法耗水量大、环境污染严重的问题。该方法的特点是 1/2 的高炉渣采用水淬冷却，1/2 的高炉渣采用循环蒸汽冷却。该方法的优点是直接产生高温过热蒸汽，满足发电要求。

2. 干法余热回收

国外从 20 世纪 70 年代开始对干法造粒高炉渣处理及余热回收技术进行了研究，典型的常用换热式渣处理及余热回收工艺主要有风冷造粒渣工艺和转鼓冷渣机余热回收工艺。20 世纪 80 年代日本住友金属采用滚筒法处理高炉渣，并建立了一座处理能力为 40t/h 的试验厂，渣余热回收率为 40%～50%。流化床热回收工艺主要包括英国发展的离心转盘法。首先，液态渣落在高速旋转的杯盘上，在离心力（或附加高速气流）的作用下进行粒化。通过水冷壁和多级流化床，工业显热回收率可以达到 60%，实现渣热能的回收。

在我国，宝钢和鞍钢率先进行了干渣处理工艺的研究，以回收渣的余热。2004 年以来，钢铁研究总院开展了干粒化渣技术的理论研究，开发了高炉渣快速冷却和干粒化技术，开展了离心造粒与风淬相结合的试验研究。利用离心力确保造粒渣的粒度分布。风淬主要保证其冷却速度，以控制玻璃质含量和辅助调整粒度分布，玻璃化率可达到 90%以上。

3. 其他余热回收工艺

国外一些研究者将高炉渣的潜热转化为化学能进行回收。其工作原理是在高炉渣余热的作用下，水蒸气与甲烷的混合物发生化学反应生成氢气和一氧化碳气体。通过这种吸热反应，高炉渣的潜热被转移到下一个反应器。在一定条件下，甲烷和水蒸气形成并释放热量。高温甲烷和蒸汽的混合物由热交换器冷却并回收。热回收设备收集的热量用于发电、高炉热风炉、化工、供热等。

3.3.8 高炉渣的其他用途

高炉渣的其他用途包括生产无机涂料、用作铺路筑基原料和用作海洋环境修复。

1. 生产无机涂料

采用水淬渣粉和碱、硅酸钠、添加剂和颜料制备无机环保涂料。在碱性条件下，矿渣被水化为硅酸钙凝胶和沸石类的水化产物，固体结构非常致密。渣制备的无机涂料具有强度高、硬结速度快、耐洗刷、耐水、耐碱、抗冻等优良性能，特别是具有天然、无毒、无污染、环保的安全性能，生产简单，原料来源广泛，价格低廉，市场竞争优势强，是国内外涂料的研究和发展方向。目前存在的缺点是施工需要湿养护，控制不当容易“泛碱”。

2. 用作铺路筑基原料

高炉缓冷渣（重渣）是在渣坑或渣场自然冷却或洒水后，经挖掘、破碎、磁选、筛分而成的碎石材料。重渣容重约 3 g/cm^3，高于灰岩。普通渣碎石体积大于1 900 kg/m^3，抗压强度大于 50 MPa，相当于普通天然岩石。吸水率随体积密度的减小而增大，一般在 0.37%～9.96%之间。渣碎石的稳定性、坚固性、冲击强度和磨耗率均满足工程要求。

高炉矿渣强度大，弹性模量大，在软土地基处理中具有良好的稳定性，增加了承重层的承载力，加快了地基的排水和固结，大大降低了地基处理的成本和时间。矿渣碎石可用于一般的大型设备基础，如高炉基础、轧钢机基础、桩基基础等。

在道路工程应用中，渣碎石具有水硬性缓慢的特点。渣碎石中有许多小孔。它对光有良好的漫反射，摩擦系数大。以矿渣碎石为集料铺设的沥青路面，制动距离短，抗热性比普通碎石高，更适用于喷气式飞机跑道。

3. 用作海洋环境修复

日本 JFE 集团以粒状高炉渣为原料，覆盖和隔离海床上产生的胶状沉积物，通过抑制海水中正磷酸盐和氮氧化物的产生来保护海床附近的生活环境。覆盖在海床上的粒状高炉渣可以隔离海床上产生的胶状沉积物，使海床环境保持在 pH 为 8.5 的弱碱性环境中，有助于防止硫化氢的产生。此外，粒化高炉渣中还含有植物在水中生长所必需的营养硅酸盐，可以增加硅藻的繁殖，防止赤潮的发生。

3.3.9 炼铁废渣综合利用实例

随着柳钢生产规模的不断扩大，钢铁产量逐年增加，每年将生产数百万吨高炉渣和钢渣。柳钢冶炼渣资源可生产出高性能绿色建材，年产 8.0×10^5 t 矿渣粉和 2.4×10^6 t 复合硅酸盐水泥。本项目可消纳柳钢冶炼废渣，实现高炉渣、钢渣等高附加值资源的综合利用，解决冶炼渣堆积、风化造成的环境污染问题，符合循环经济与企业可持续发展的要求。

1. 主要原料情况

强实公司利用高炉渣粉磨后生产 S95 级矿渣粉，按熟料：石膏：矿渣粉：粉煤灰：钢渣＝49.83：3.5：16.67：20：10 配比生产 PC32.5 级复合硅酸盐水泥。

(1) 高炉渣。高炉渣为柳钢水淬渣，外观为灰白色，矿渣含水量 12%～15%，80%粒径在 5mm 以下，每年可消耗柳钢高炉渣 1.4×10^6 t 左右，主要化学成分见表 3-24。

表 3-24 高炉渣主要化学成分的质量分数

项目	SiO_2	CaO	MgO	Al_2O_3	S
质量分数/(%)	32.5～34.5	28.5～29.5	10.5～11.5	15～18	0.5～0.7

(2) 钢渣。转炉钢渣经过热焖处理后运输至厂，每年可回收利用柳钢钢渣约 2.5×10^5 t，主要化学成分见表 3-25。

表 3-25 钢渣主要化学成分的质量分数

项目	SiO_2	CaO	MgO	FeO	Fe_2O_3	Al_2O_3	S	Mn	TFe
质量分数/(%)	10.36	43.52	6.09	11.9	11.2	2.14	0.077	1.92	2.3

2. 处理工艺流程

(1) 矿渣粉生产工艺流程。高炉渣由柳钢高炉渣场经皮带机运至机械化堆场储存。刮板取料机用于从堆场取料，渣由皮带机运至存渣库。矿渣经配料秤计量后，由带式输送机输送，回转下料器送入立磨。物料在立磨中干燥粉磨。干燥用热风由燃气热风炉提供。磨碎后的渣经热风送入高效选粉机进行分选，精选出的粗粉返回磨盘重新粉磨。分选出的细粉由袋式收尘器收集后送至渣粉库。收尘后的废气大部分作为循环风和热风炉产生的热风混合，送至立磨用于烘干矿渣。每年 4.0×10^5 t 渣粉送入复合硅酸盐水泥生产线配料，8.0×10^5 t 渣粉由库底散装机散装后外销。渣粉生产工艺流程如图 3-56 所示。

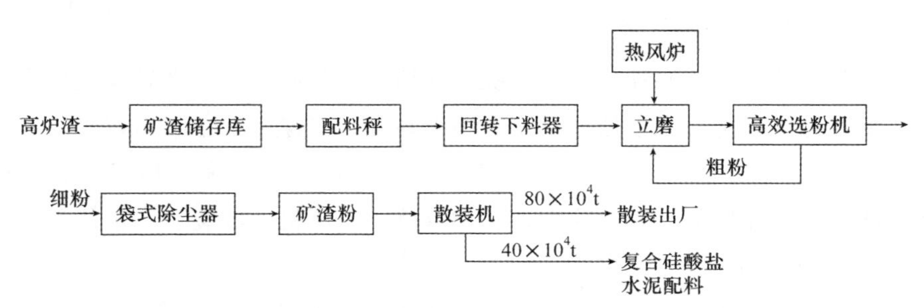

图 3-56 矿渣粉生产工艺流程

(2) 复合硅酸盐水泥生产线。在水泥配料站对熟料、钢渣、石膏等进行计量、充分搅拌后，与出辊压机的料饼一起通过提升机、胶带输送机送入V型选粉机。所选粗料送回辊压机进行处理。细料通过气流进一步进入旋风分离器，分离出的细粉和粉煤灰一起送入球磨机粉磨，将球磨机的粉磨材料送入高效水平涡流选粉机进行分选。所选粗粉返回球磨机进行粉磨，细粉经袋式收尘器收集后送水泥库储存。

渣粉生产线产生的渣粉由渣粉库卸料、运输、计量，然后在水泥库与水泥混合。复合硅酸盐水泥经搅拌后形成，储存于复合硅酸盐水泥库。复合硅酸盐水泥库中的一些水泥装进袋子，然后装车运出工厂。复合硅酸盐水泥的生产工艺如图 3-57 所示。

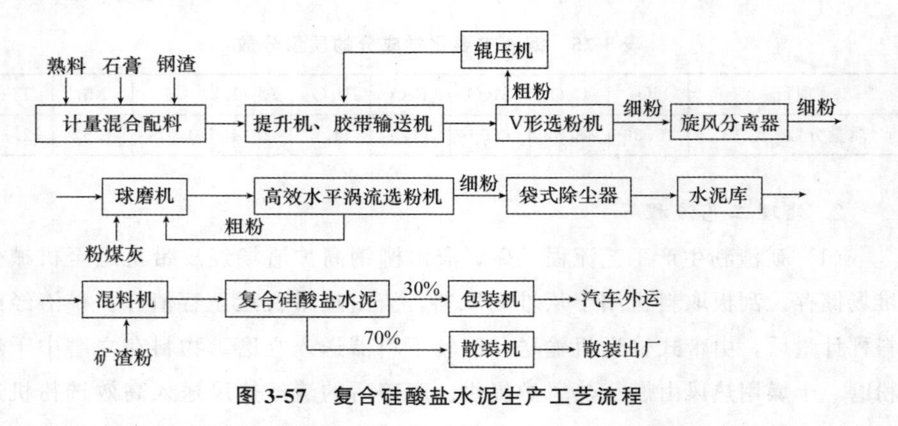

图 3-57　复合硅酸盐水泥生产工艺流程

3. 主要生产系统和生产设备

(1) 矿渣粉生产线。高炉渣储存配料系统、磨渣系统、渣粉储存系统。

(2) 复合硅酸盐水泥生产线。熟料卸料及储存系统、石膏破碎及储存系统、钢渣配料系统、粉煤灰储存系统、水泥粉磨系统、复合硅酸盐水泥生产系统、水泥包装系统。

(3) 辅助系统。循环冷却水系统、压缩空气供应系统、高炉煤气供应系统、废气处理系统、废水处理系统等辅助系统，确保系统正常运行。

(4) 主要生产设备。有堆取料机、立磨渣机、高炉煤气热风炉、压根机、球磨机、搅拌机、袋式除尘器、排风机、空压机、散装机、包装机等。

4. 经济效益分析

(1) 工程经济效益分析。公司每年可生产 S95 级矿渣粉 8.0×10^5 t，PC32.5 级复合硅酸盐水泥 2.4×10^6 t，预计每年将产生数亿元的直接经济收入。

（2）环境效益和经济效益分析。柳钢剩余低热值高炉煤气年耗 86.66×10^4GJ，相当于标准煤耗 41 464.1 t，项目年耗水量 1.7×10^5t，水循环率94.2%。水资源利用率可以大幅度提高。由于环保设施的运行，每年可回收各种粉尘和铁渣，分别回收量为 55 847 t 和 3 000 t。除尘设施收集的粉尘、铁渣返回工序综合利用。利用工业废渣生产矿渣粉和复合硅酸盐水泥，技术和设备先进，操作简单，生产安全可靠，属于“三废”综合利用项目，可消化柳钢生产的高炉渣和钢渣，解决废渣占地和周边环境恶化的问题，实现钢铁工业冶炼渣“零排放”的目标，具有良好的经济效益和环境效益，对柳钢节能减排和循环经济发展具有重要作用，具有较高的应用和推广价值。

第4章　含铁尘泥再生利用技术

钢铁企业的粉尘、烟尘和尘泥具有很高的回收价值。做得好可以完全回收利用，所以减排所收集的粉尘、烟尘、尘泥必须全部回收利用。

4.1　回收利用的基本方法

烧结、炼铁、炼钢过程中产生的粉尘、烟尘以及轧制过程中产生的轧钢铁皮（氧化铁皮），一般称为含铁尘泥，是钢铁企业重要的回收资源。含铁尘泥主要包括烧结尘泥、高炉瓦斯灰、转炉尘泥和平炉尘泥、化铁炉粉尘、电炉和轧钢过程中的氧化铁皮。部分尘泥送至烧结厂作为烧结球团配料使用埝，其他部分用于其他工艺。钢铁企业生产过程中产生的含铁尘泥发生量见表 4-1。

表 4-1　含铁尘泥发生量

粉尘来源	发生量	粉尘来源	发生量
烧结粉尘	20～40 kg/t 烧结矿	电炉尘	10～20 kg/t 钢
高炉粉尘（干）（瓦斯灰）	10～20 kg/t 铁	轧钢皮	20～60 kg/t 钢
高炉粉尘（湿）（瓦斯灰）	10～20 kg/t 铁	酸洗污泥	5～10 kg/t 钢
转炉尘泥	7～15 kg/t 铜		

含铁尘泥是钢铁生产中重要的铁原料资源。随着钢铁工业的发展，充分利用钢铁企业中的含铁尘泥，有利于资源的合理利用和环境的保护，已成为现代钢铁生产不可缺少的组成部分。

4.1.1　粉尘处理与回收原则

粉尘处理和回收根据工艺条件、粉尘性能、回收可能性等条件，首选是使粉尘直接返回生产系统。例如，除尘器下部的输灰装置直接并入生产过程中，使粉尘得到回收利用。当粉尘不能直接回收时，可通过运输、集中和处理等处理步骤间接回收到生产系统中。

除尘装置排放的粉尘主要采用干式处理，以利于有用粉尘的回收利用。当粉尘采用湿式处理时，原则是适当加湿不产生污水；如有污水，应设置简单有效的污水处理装置，污水不能直接排放。

在除尘系统的设计中，除需要考虑车间卫生标准和环保排放标准外，还应综合考虑粉尘的处理方法，创造必要的条件，防止粉尘的二次污染。

选用除尘设备应注意其简单、可靠、密闭性，避免复杂和泄漏粉尘。

4.1.2 粉尘的处理利用方式

1. 湿式处理利用方式

除尘器排出的粉尘有湿式尘泥（含尘污水），处理方式见表 4-2。

表 4-2 湿式除尘器排出的尘泥（含尘污水）处理方式

处理方式	内容	适用条件	主要特点	设计注意事项
就地纳入工艺流程	除尘器排出的含尘污水就地纳入湿式工艺流程	允许就地纳入工艺流程时，应优先采用	不需专设污水处理设施； 维护管理简单； 粉尘和水均能回收利用	对易结垢的粉尘应尽可能采用明沟输送，不能采用明沟输送时，管路上应有防止积灰和便于清理的措施
集中纳入工艺流程	将各系统排出的含尘污水集中于吸水井内，然后用胶泵输送到湿式工艺流程中	允许集中纳入工艺流程时，应优先采用	污水处理设备较少； 维护管理简单； 粉尘和水均能回收利用	对易结垢的粉尘应尽可能采用明沟输送，不能采用明沟输送时，管路上应有防止积灰和便于清理的措施； 需要考虑事故排放措施
集中机械处理	将全厂含尘污水纳入集中处理系统，使粉尘沉淀、浓缩，然后用机械设备将尘泥清出，纳入工艺流程或运往他处	大、中型厂矿除尘器数量较多，含尘污水量较大时采用	污水处理设施比较复杂； 可集中维护管理，但工作量较大	对易结垢的粉尘应尽可能采用明沟输送，不能采用明沟输送时，管路上应有防止积灰和便于清理的措施； 需要考虑事故排放措施； 清理出的尘泥含水量过高，必要时应增加脱水设备

续表

处理方式	内容	适用条件	主要特点	设计注意事项
分散机械处理	除尘器本体或下部集水坑设刮泥机等，将输出的尘泥就地纳入工艺流程或运往他处	除尘器数量少，但每台除尘器在排尘量大时采用	刮泥机需经常管理和维修； 除尘器输出的尘泥可就地处理	采用链板刮泥机时，应根据粉尘性质和数量，合理地确定刮板宽度和运行速度等； 净化有腐蚀性的含尘气体时，不宜采用刮泥机

2. 干式处理利用方法

干法除尘是除尘工程的主要方法。干式处理有三种方法：就地处理法、集中处理法和湿法处理法。具体内容见表 4-3。

表 4-3　干式除尘器排出粉尘的处理方式

处理方式	内容	适用条件	主要特点	设计注意事项
就地处理	直接将除尘器排出的粉尘卸至料仓或胶带机等把粉尘返回生产设备中	除尘器排出的粉尘具有回收价值，并靠重力作用能自由下落到生产设备内时产用	不需设粉尘处理设施； 维护管理简单； 易产生二次扬尘	排尘管的倾斜角度必须大于物料的安息角； 粉尘以较大落差卸至胶带运输机等非密闭生产设备时，为减少二次扬尘，卸尘点应密闭，并将卸尘阀设在排尘管的末端
集中处理	利用机械或气力输送设备将各除尘器卸下的粉尘集中到预定地点集中处理	除尘器设备卸尘点较多，卸尘量较大，又不能就地纳入工艺流程回收时采用	需设运输设备，一般应设加湿设备； 维护管理工作量较大； 集中后有利于粉尘的回收利用； 与就地回收相比，二次扬尘容易控制	尽量选择产生二次扬尘少的运输设备； 除尘器向输送设备卸尘时，应保持严密，并设储尘仓和卸尘阀； 卸尘阀应均匀，定量卸料并与输送设备的能力相适应； 在输送或回收利用过程中，如产生二次扬尘时应进行加湿处理
湿法处理	除尘器排下的粉尘进入水封，使之成为泥浆，而后输送到预定地点集中处理	集中纳入工艺流程中集中机械处理见表 4-2	无二次扬尘，操作条件好； 集中纳入工艺流程和集中机械处理见表 4-2	为使粉尘和水均匀混合，对亲水性较差的粉尘，宜在除尘器灰斗或排尘，宜在除尘器灰斗或排尘管内给水； 集中纳入工艺流程和集中机械处理见表 4-2

3. 粉尘的深度处理和利用

所谓粉尘的深度处理和利用，是指对粉尘中一种或几种有用物质的深度处理和利用，如从高炉粉尘中回收锌。

4.2 烧结、炼焦粉尘回收利用技术

烧结是将铁矿粉、无烟煤、石灰按一定比例烧结而成，具有足够强度和粒度的炼铁熟料。它是钢铁生产过程中的一个重要环节。炼焦烟尘减排中的煤粉、焦粉具有重要的回收价值。

4.2.1 烧结含铁尘泥的来源与特征

烧结尘泥主要产生于烧结机的头尾和成品整粒及冷却筛分等工序中。尘泥的细度在 5～40μm 之间。烧结机尾部粉尘电阻率在 5×10^{9}～1.3×10^{10} Ω·cm 之间，总含铁量约为 50%。烧结粉尘由各种除尘装置捕集。机头用多管除尘器捕集烧结粉尘，如图 4-1 所示。

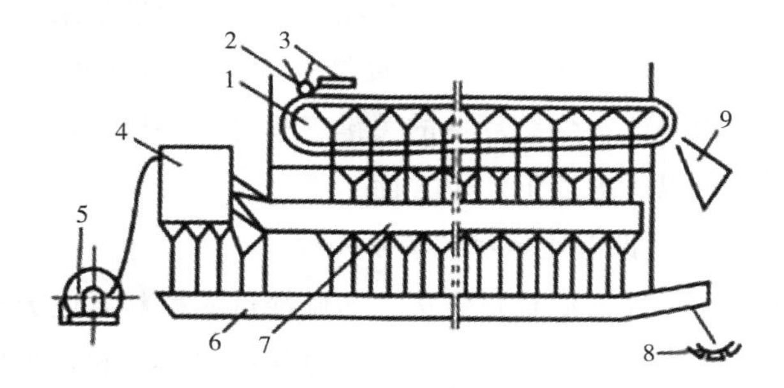

图 4-1 烧结机头多管除尘器捕集烧结粉尘

1—烧结机；2—泥辊给料机；3—点火器；4—多管除尘器；5—抽烟机；6—水封拉链机；7—集气管；8—混合料皮带机；9——次筛分（固定筛）

烧结含铁粉尘的性质与其来源有关。例如，除尘装置捕集的烧结粉尘堆积密度为 1.5～2.6 g/cm³，烧结机尾部粉尘（干）电阻率为 5×10^{9}～1.3×10^{10} Ω·cm。烧结粉尘的化学性质和分散度见表 4-4 和 4-5。

表 4-4 烧结粉尘化学成分的质量分数

成分	总 Fe	FeO	Fe_2O_3	CaO	SiO_2	Al_2O_3	MgO	MnO
质量分数/(%)	约 50	约 50	约 50	10	7	1.85	3.4	0.12

表 4-5 烧结粉尘分散度

分散度/μm	>40	20～40	10～20	5～10	<5
质量分数/(%)	10.42	47.77	17.86	21.39	2.56

4.2.2 烧结尘泥回收利用技术

烧结工业是冶金工业的主要粉尘污染源。75 m^2烧结机的头部和尾部每小时排放近 $6\times10^5 m^3$的含尘废气，排放的粉尘约为 85 kg/h。据日本统计，每生产一吨烧结矿，排气中产生的粉尘量为 40～80 kg。

烧结粉尘的主要来源：原料制备过程，包括熔剂、燃料破碎、筛分、生石灰和输送配料；原料、混合物和成品的运输过程；烧结生产过程中的主抽风、冷却抽风和鼓风过程；烧结矿卸料、冷热破碎、冷热筛分工艺；热返矿掺入配料混合工艺；设备、地面清理等二次扬尘。

烧结粉尘有的数量多且分散，有的具有高温、高压、高浓度等特性，有的颗粒小、比重轻。特别是自熔性或高碱度烧结矿产出的粉尘电阻大，含有二氧化硫、氧化钙、氧化镁，易腐蚀、结垢，给粉尘治理带来很大困难。由于粉尘产生量大、范围广、接触面多，烧结行业尘肺等多种疾病发生率较高。因此，粉尘治理是改善烧结环境的关键工程之一。根据烧结过程及产生粉尘的主要原因，可以考虑以下三个方面。

1. 完善烧结工艺，提高烧结矿装备水平

烧结机采用垫料，保证混合料烧透。实施冷返矿配料可以大大改善混合系统的环境条件；优先采用机械冷却技术，降低排气温度和粉尘浓度；采用密封罐汽车运输生石灰；大型设备安装和运行自动化，使生产处于最佳状态，生产出高强度烧结矿。对冷却机废气进行余热利用，并对烧结废气进行回收利用，以减少粉尘源废气中的粉尘和一氧化碳含量。

2. 改进除尘方式

将分散系统改为大型集中除尘系统，操作管理方便，有利于除尘装置的连续运输和集中除尘利用，减少二次扬尘。

3. 研制、开发和应用先进除尘装置

机头、机尾采用静电除尘器；烧结废气采用高烟囱扩散稀释法（提高烟囱高度）排放；采用先进的粉尘检测工具，快速、准确地检测除尘装置的工作效果，及时维修；采用多管旋风除尘器，它的除尘效率高达 82%～93%，排放浓度也低于国家标准。该设备具有成本低、体积小、无附加空间等优点，可供老企业改造时参考。

烧结粉尘通常直接用作颗粒配料，但由于烧结粉尘粒径小，直接参与配料，混合造粒效果差，影响了烧结料层的透气性，同时也造成了水分波动大和水分难于控制等问题，给烧结质量、稳定性和高产率带来不利因素。因此，应采取技术措施来解决这一问题。

采用炼铁除尘干灰与烧结粉尘混合的方法，处理工艺流程如图 4-2 所示。

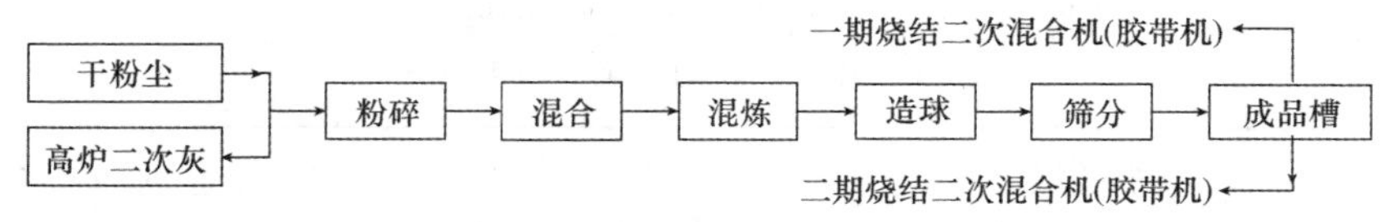

图 4-2　干粉料处理工艺流程

通过添加膨润土和 JF 添加剂来解决。试验结果表明，除尘灰直接造球，造球水分范围很窄，加水多时易产生稀泥，加水少时易产生干料。添加 3% 膨润土可拓宽造球水分范围，有利于造球。加入 JF 添加剂可以进一步扩大造球水分范围，随着造球的形成和生长，水迅速凝结形成坚固的球团。通过对几种造球效果的比较，发现添加剂造球效果最好，直接造球效果最差。

4.2.3　煤粉与焦尘的综合利用技术

在焦化厂焦炭生产和运输过程中，形成的焦粉约占总焦炭的 3%。在烧结厂，除少量的焦粉用作粗焦外，还有大量的超细焦粉运往废品场。因此，如何合理有效地利用这些资源，减少环境污染，改善工厂环境，是当前生产中必须解决的重要问题之一。

煤尘（泥）通常返回原煤。如果集尘过程中有其他物质混合，则用作燃料。焦尘（泥）可归入焦粉，用作烧结过程的燃料。

焦粉表面多孔，比表面积大。它在焦化过程中是惰性的，与活性组分的液体产物有较大的接触面积，其间的结合完全取决于固体颗粒对液相的吸附作用。焦粉用量不宜过多。一方面，焦粉降低了半焦收缩和固化阶段的挥发分析出量。另一方面，由于多孔结构刚度小，焦饼收缩产生的应力较小，降低了焦炭的孔隙率。因此，焦粉用作瘦化剂。

4.2.4 焦化厂焦粉配煤综合利用实例

炼焦生产及输焦系统生产的集尘焦粉约占焦炭总产量的2.36%～2.47%，年集尘粉总量为8.5×10^4～8.8×10^4 t，由于大量超细焦粉不能用于烧结，每年有1.95×10^4～$2.01\times10\times10^4$ t集尘粉被废弃，严重污染环境。

1. 集尘焦粉种类与试验情况

表4-6列出了集尘焦粉的种类和粒度分布。

表4-6　集尘焦粉的种类和粒度分布

类别	占比例/%	粒度组成/%					平均粒度/mm
		>3 mm	1～3 mm	0.5～1 mm	0.11～0.5 mm	<0.11 mm	
干熄焦焦粉	70	0.55	3.65	12.55	65.70	17.55	0.395
导焦车焦粉	5.5	0.00	1.30	5.00	49.05	44.65	0.235
炉前焦库焦粉（切焦机房与中转焦站）	24.5	0.00	0.08	0.04	27.26	72.62	0.126

粉尘焦粉根据来源和粒度可分为三类：干熄焦焦粉、导焦车焦粉、炉前焦炭库焦粉（包括切焦机房和转焦站的集尘焦粉）。其中，第三类具有最好的粒度。当配煤的黏结能力足够时，在炼焦过程中，小粒径的焦粉很容易熔化到焦炭的孔壁中，从而提高了焦炭的强度，所以该组分最适用于煤炭。200 kg焦炉试验结果表明，用2%的各种焦炭代替瘦煤生产的焦炭，其灰分和硫含量变化不大，焦炭强度随焦粉粒度的增大而降低，但波动范围较小。大型高炉试验表明，宝钢焦化生产中配1%集尘焦粉对焦炭强度影响不大。SCO炉试验表明，宝钢配煤黏结指数G为79，总膨胀率为50%时，加入1%集尘焦粉可提高焦炭质量。从SCO炉试验可以看出，集尘焦粉的最佳混合方式是将其全部掺入成型煤中。

2. 焦粉在配煤中的作用与效果

焦粉在配煤中的作用和效果如下：

(1) 焦粉在配煤中起主要作用。在炼焦过程中，焦粉本身不熔化，其颗粒表面吸附了煤热解产生的相当一部分液相产物，降低了塑性体中的液相量，获得了适宜的流动性和膨胀性的配合煤。

(2) 在配煤中加入焦粉可以降低装炉煤的半焦收缩系数，改善半焦气孔结构，提高半焦强度。

(3) 在配合煤中加入焦粉，可以减小相邻半焦层之间的收缩差，减少焦炭裂纹，提高焦炭强度。因此，利用焦粉改造炼焦工艺的必要条件是：配合煤的黏接性应有富余；焦粉的添加量应适当；焦粉的粒径应尽可能小。

3. 结论

在常规配煤和顶装煤条件下，根据煤源情况，在焦粉配煤工艺中加入3%～5%的焦粉在技术上是可行的。焦粉法炼焦得到的焦炭块焦率明显提高。用焦粉代替瘦煤为焦化厂降低成本、提高效率提供了途径。它不仅解决了焦化厂焦粉积压的问题，而且节约了煤炭资源，达到了能源再利用的目的。但是，在实际应用中，还需要解决配煤工艺设备（即焦粉粉磨设备）的改进问题，以使焦粉达到规定的粒度要求。

4.3 高炉含铁尘泥回收利用技术

4.3.1 高炉含铁尘泥来源与特征

高炉瓦斯泥是将炼铁厂高炉煤气洗涤废水经沉淀处理后排入沉淀池而产生的一种非常细的污泥。它含有约 20%的氧化铁（包括 Fe_2O_3 和 Fe_3O_4）、约 23%的碳、1%～5%的锌，另外还有较多的氧化物，如 CaO、SiO_2 和 Al_2O_3。高炉粉尘产生量一般为 15～50 kg/t 生铁。几座钢铁厂高炉瓦斯泥化学成分见表 4-7。图 4-3 显示了两种高炉瓦斯泥的粒度分布。

表 4-7　高炉瓦斯泥化学组成　　单位：%

项目	TFe	C	CaO	MgO	SiO_2	Al_2O_3	Zn	Pb	H_2O
钢厂 A	30～33	25～30	9.0	1.2	5.0	2.3	0.8～1.6	0.2～0.6	20～35
钢厂 B	36.58	13.56	8.68	0.97	12.14	4.4	2.24	0.51	19.70
钢厂 C	33.87	22.78	2.55	3.18	10.56	3.27	3.11	0.0～0.5	15.48
钢厂 D	11.01	16.37	4.33	5.54	20.67	4.57	9.33	2.09	28.21

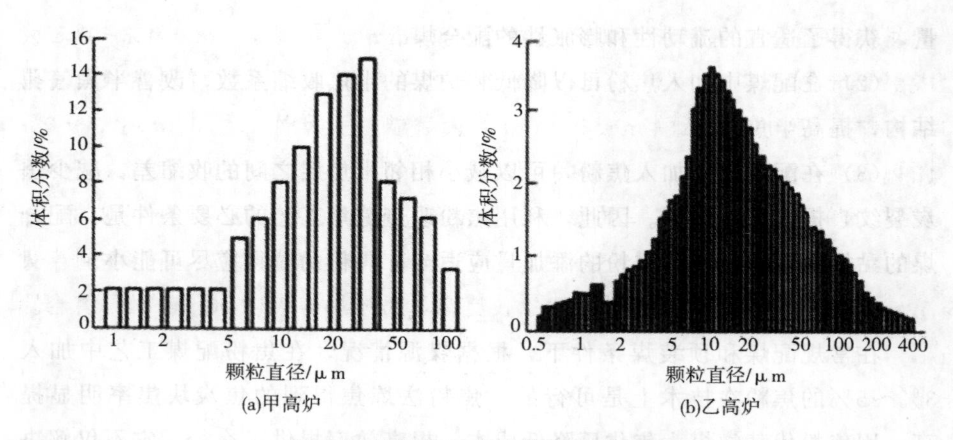

图 4-3　两种高炉瓦斯泥的粒度分布

从图 4-3 可以看出，高炉瓦斯泥粒径较细，97％～100％的颗粒小于 200 目，平均粒径仅为 20～25 μm。集团公司炼铁厂生产低品位含锌瓦斯泥，含水量 34％，含铁 20％～30％、含碳 25％～30％、含氧化锌 10％～25％，还有其他微量杂质。可以看出，不同钢厂高炉瓦斯泥的化学成分是不同的，但有一点是肯定的，即污泥中的锌含量不同程度地超过了高炉进料中的锌含量限值。高炉瓦斯泥的主要特点是：含锌量高、含水量高、含铁量高、含碳量高、粒径细，锌主要以小颗粒存在。钢铁厂高炉瓦斯泥化学成分分析结果表明，高炉瓦斯泥化学成分按粒径分组不均匀，约占颗粒总量 30％的 10 μm 以下的小颗粒含锌量约占高炉瓦斯泥总含锌量的 90％。我国岭南地区的铁矿石中含有多种有色金属。在高炉冶炼过程中，大部分有色金属和铁一起还原形成金属蒸气，伴随着矿石、焦炭和熔剂的细粉尘随高炉煤气被带到炉外。采用湿法除尘和干法除尘两种方法可以得到瓦斯泥和瓦斯灰。由此可见，这种泥和灰中锌含量很高，可作为锌资源的一种来源。瓦斯灰含水量很小，粉尘易流动和飞扬。表 4-8 列出了某钢厂瓦斯泥的成分。

表 4-8　某钢厂瓦斯泥成分的质量分数

成分	TFe	SiO_2	P_2O_5	S	Pb	Zn	C
质量分数/(％)	40～56	约 3.0	约 0.004	约 0.18	＜0.05	0.1～2.0	8～25

4.3.2　炼铁尘泥回收利用技术

1. 高炉粉尘回收利用简况

在高炉冶炼中，产生的煤气（称为高炉瓦斯）是一种可以回收利用的二次能源。高炉煤气携带出高温区剧烈反应产生的微粒和原料粉尘，需要对其进行净化处理。

高炉粉尘的主要成分与进入高炉的物料的性质有关，主要是铁矿粉、焦粉和煤粉，并含有少量的 S、Al、Ca、Mg 等元素。有些企业高炉粉尘还含有铅、锌等有害元素。

2. 高炉粉尘利用技术

(1) 回收铁精矿。不同工厂生产的高炉瓦斯泥，其矿物组成和选矿方法各不相同。高炉瓦斯泥含有较多的磁性物质。一般采用弱磁选。例如，在一些工厂，高炉瓦斯泥的总铁含量为 38.05%。经二次磁选，可获得铁精矿，产率 45.08%，全铁含量 59.6%。

利用弱磁一强磁的全磁选技术，也可从瓦斯泥中选出合格的铁精矿。铁精矿产率和品位均在 52%以上，其中一半以上的锌可从瓦斯泥中去除。工艺流程如图 4-4 所示。

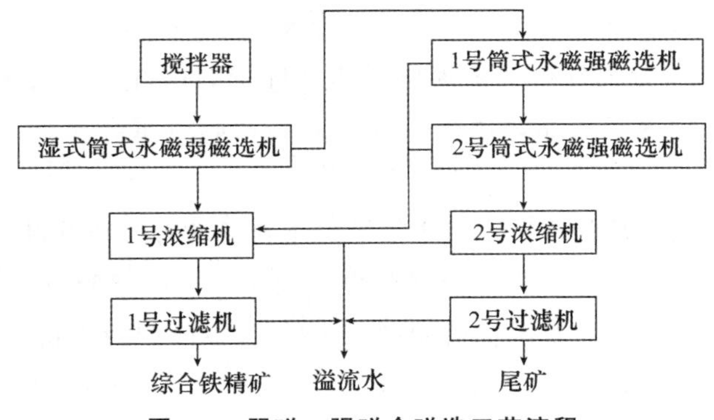

图 4-4　弱磁一强磁全磁选工艺流程

高炉瓦斯泥选铁工艺是一种用于高炉瓦斯泥选铁用的磁选机。它由电机、磁块滚筒和料槽组成。磁块滚筒与电机输出轴活动连接。下部设有料槽，在料槽筒的一端设有磁块旋钮，料槽壁上设有搅拌管。

当浓缩的矿浆进入磁选机料槽并通过磁场区时，强磁性矿物颗粒在磁系统的磁场力作用下吸附在磁块滚筒的表面。在磁块滚筒旋转过程中，磁性矿物颗粒随磁块滚筒旋转，从磁场区取出，用冲洗水冲入精矿槽。弱磁性矿物和非磁性矿物在槽内矿浆流的作用下从尾矿槽中排出，完成了磁选过程。

此外，在磁选过程中加入无机或有机试剂进行分散，提高了选矿效率，可用于处理含锌量高的高炉瓦斯泥。最后，生产了电解锌、铁精矿、炭粉和混凝土掺合料，瓦斯泥利用率达 98%。该技术已申请了国家专利，编号为 CN1286315A。

（2）有色金属的回收。有色金属的回收大多采用化学方法。在含量低的情况下，采用选矿方法进行预富集。氯化铵浸出和锌粉处理的回收方法可得到纯度 98%以上的氧化锌。同时，回收了不同数量的铜和铅。根据瓦斯泥粒径小、有色金属含量高、易氧化自燃的特点，首次采用直接湿法冶金法。让其充分自燃以消除部分有害物质并使有色金属形成氧化物，再用硫酸浸出，通过压滤、调整酸度等分离各种金属，该方法工艺难度大，生产成本相对较高。

后来采用火法富集－湿法分离进行综合治理。高炉瓦斯尘经火法富集处理后，挤压成球团矿，与焦炭、钢渣熔剂按一定比例混合后，进入鼓风炉进行高温冶炼。各种低沸点有色金属形成金属蒸气，随炉气排出。经过燃烧和冷却后，瓦斯灰中的大部分杂质，如 SiO_2、Fe、CaO、MgO、Al_2O_3 等熔剂反应生成硅酸盐进入渣中，布袋回收的灰称为二次灰，其中有用金属富集 2～3 倍，为酸浸分离各种元素提供了非常优越的条件。二次灰可作为氧化锌产品外销或作为半成品，用于酸浸分离和回收贵重金属。工艺流程如图 4-5 所示。

布袋灰经冶炼炉处理后，基本上消除了自身的有害和有毒物质，减少了 99.9%的烟尘对环境的污染。酸浸分离二次灰，可以回收锌、铋、铟、铅、钾等有色金属。其中，锌的回收率可达 72%，铋的回收率可达 65%，铟的回收率可达 50%，铅的回收率可达 85%。

（3）铁的回收。部分高炉瓦斯泥（灰）含碳量约为 20%，所含炭大部分为焦粉，它是一种可回收的二次资源。炭粉表面疏水，密度小，可浮性好。用浮选法很容易与其他矿物分离。如将瓦斯泥磨细后以柴油为捕收剂进行浮选，可将含碳量从 20%提高到 80%。

采用浮－重联选工艺可以实现回收利用炭、铁的目的。

浮－重联选工艺是一种重要的瓦斯泥处理工艺。浮选的目的是选出瓦斯泥中的炭。常用的设备是浮选机。一些分散剂（如水玻璃＋碳酸钠、2 号油、杂醇等）和捕收剂（如煤油、轻柴油）在浮选过程中需要适当添加。重力分离的对象是瓦斯泥中的铁。常用设备有摇床和螺旋溜槽，它们是选矿中常用的设备。它们在处理过程中的适当组合可以达到富集碳、铁和脱锌的目的。

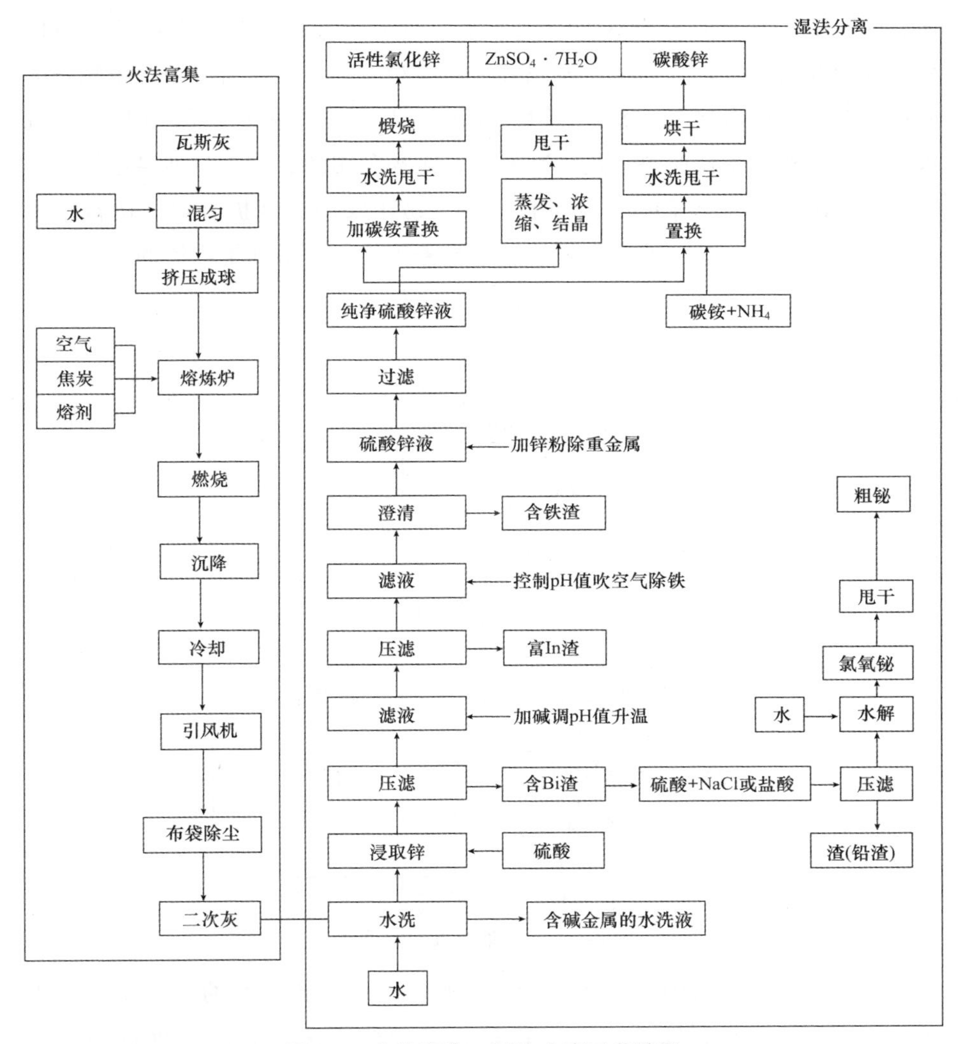

图 4-5 火法富集一湿法分离工艺流程

采用浮一重联选工艺分别回收铁和炭。工艺流程如图 4-6 所示。

分离回收的铁精矿品位在 60%以上，可直接用于钢铁厂烧结车间。中矿 1、2 可用作渣水泥熟料。中矿 1 号铁品位高，可搭配、调节铁精矿产品。分离回收的炭精矿热值为 24 383J/g，可作为锅炉或其他用途的喷粉燃料。剩余的尾矿可作为制砖厂的原料。

（4）水力旋流脱锌回用。高炉煤气中的锌主要集中在细颗粒（一般不大于 20 μm）中，而粗颗粒（一般不小于 10 μm）中的锌含量小于细颗粒中锌含量的 1/10。因此，有钢铁企业采用水力旋流器对高炉瓦斯泥中的颗粒按粒径进行湿式分级，从而将瓦斯泥分为含细颗粒的高锌瓦斯泥和含粗颗粒的低锌瓦斯泥。前者经脱水后送水泥厂回用，后者（约占总量的 70%）经脱水、烧结后作为炼铁原料，达到减量化、循环利用的目的。与高温还原法相比，该方法具有工艺简单、设备投资少、易于实施、维护方便、运行成本低、无二次污染、经济效益和环境效益显著等优点，得到了广泛的应用。

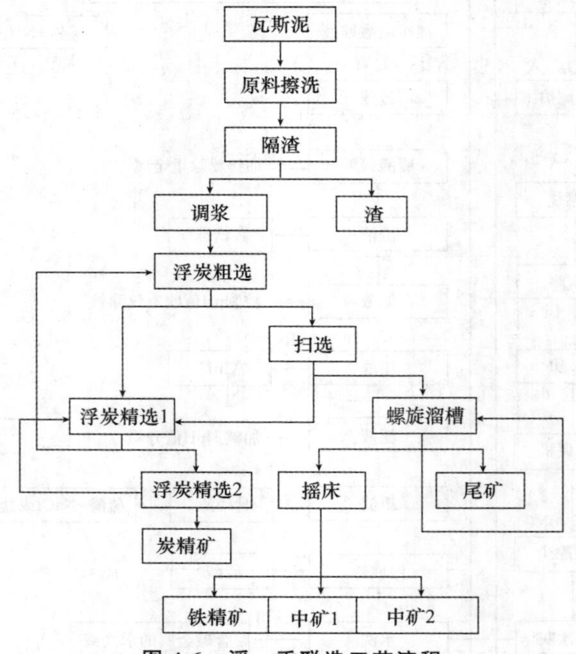

图 4-6　浮一重联选工艺流程

炼铁生产中，高炉瓦斯泥必须经过脱水处理，脱水后的含水率一般为 20%～35%。这种瓦斯泥必须经过稀释后才能用水力旋流器进行颗粒分级。进入旋流器的瓦斯泥颗粒浓度一般为 150～250 kg/m^3。通常情况下，高炉瓦斯泥颗粒只能通过两级旋流分级才能达到高炉进料含锌量的要求。第一级旋流器溢流粒径小，含锌量最高。脱水后可送水泥厂或废弃。对第一级旋流器底流进行稀释，作为第二级旋流器的进料。二级旋流器溢流进入第一级进料稀释池。底流粒径粗，含锌量低。脱水后作为烧结炼铁原料送至烧结厂。高炉瓦斯泥旋流脱锌回收系统工艺流程如图 4-7 所示，其中水可以循环利用。

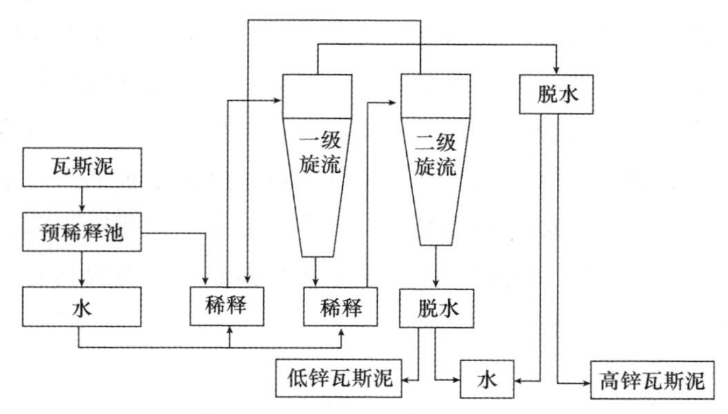

图 4-7 水力旋流脱锌工艺流程

4.3.3 高炉瓦斯泥（灰）中回收锌工程实例

1. 瓦斯泥（灰）的化学组成与粒径分布

某钢铁厂有 305 m^3 和 350 m^3 的高炉各一座。高炉冶炼的矿石大多来自岭南，属于含各种有色金属的伴生矿。在冶炼过程中，大多数有色金属和铁一起还原形成金属蒸气。该厂两座高炉分别采用干法和湿法除尘，利用高炉煤气将矿石、焦炭、助熔剂等细粉尘从炉内排出。每年产生的气泥（灰）约 3 000 t（干基）。

含锌瓦斯泥（灰）的化学成分和粒径分布见表 4-9 和 4-10。

表 4-9 含锌瓦斯泥（灰）化学成分组成的质量分数 单位：%

名称	锌	铅	铋	全铁	氧化钙	氧化硅	氧化铝
瓦斯泥	13.27	0.67	1.14	13.13	5.39	3.46	5.73
瓦斯灰	25.47	1.20	1.60	9.54	4.06	3.57	5.02

表 4-10 含锌瓦斯泥（灰）粒径分布

名称 \ 粒度/mm	0.280	0.180～0.280	0.154～0.180	0.110～0.154	0.077～0.110	＜0.077
瓦斯泥/%	3.0	6.38	2.60	4.03	33.68	50.31
瓦斯灰/%	9.3	18.4	28.60	29.20	6.7	7.8

2. 锌回收工艺选择与回收工艺流程

从以上分析结果可以看出，高炉瓦斯泥（灰）中含有大量的锌，可作为低品位的锌矿石，目前有湿法和火法两种回收锌的方法。生产实践表明，火法冶炼的优点是该工艺不产生废水；每台炉装料后短时间内除从副烟道排出的烟气外，剩余的烟气经主烟道除尘排出，含有极低的粉尘和有害气体，主要成分是二氧化碳、氮气、氧气和水蒸气，以及烟道系统漏入的空气，不会对环境造成严重污染；废渣成分稳定，可溶物少；工艺相对简单。

由于瓦斯泥和瓦斯灰很细，在进入韦氏炉前必须制备成具有一定强度的球团。整个工艺流程如图 4-8 所示。

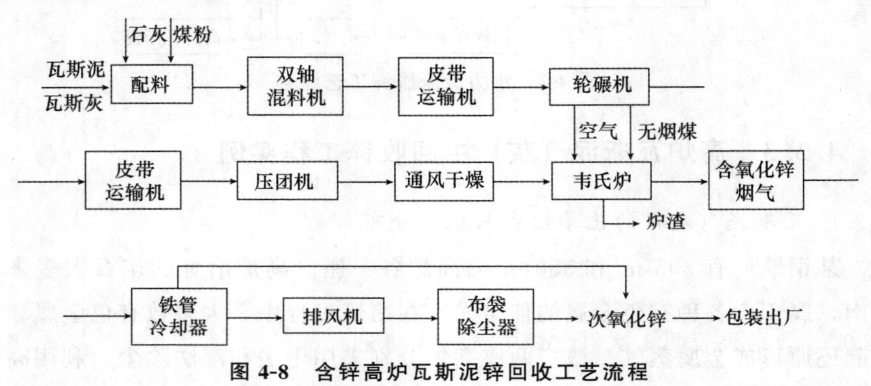

图 4-8　含锌高炉瓦斯泥锌回收工艺流程

韦氏炉生产氧化锌是一种直接还原蒸馏的方法。含有氧化锌的材料用适当的还原剂和黏结剂压实，形成具有一定尺寸和机械强度的球团。球团经通风干燥后送入韦氏炉还原蒸馏，在向炉内加入球团前先铺无烟煤块作燃料，可使炉温达到 1 000～1 500℃，主要反应如下：

$$C+O_2 \longrightarrow CO_2$$

$$2C+O_2 \longrightarrow 2CO$$

$$ZnO+CO \longrightarrow Zn\text{（气）}+CO_2$$

$$CO_2+C \longrightarrow 2CO$$

韦氏炉还原蒸馏产生的锌蒸气在氧化室中发生剧烈反应并放热。

$$2Zn\text{（气）}+O_2 \longrightarrow 2ZnO+Q$$

温度高达 1 300℃含有氧化锌的高温烟气经冷却除尘便得到氧化锌粉末。

3. 工艺条件与控制要求

为了保持高品位氧化锌产品的生产，必须掌握以下工艺条件和控制要求，以提高锌的回收率。

（1）控制好冶炼温度。在冶炼过程中，氧化锌和其他锌化合物在高温瓦斯泥（灰）中还原为金属锌并迅速变成锌蒸气是一种吸热反应：ZnO＋CO→Zn（气）＋CO_2－Q。只有当温度和二氧化碳量达到时，反应才能很好地进行。如果温度过高，炉料易软化、粘炉，过早形成的炉渣影响锌的还原，冶炼温度是影响锌挥发和提高回收率的主要因素。

(2) 碱度对冶炼的影响。为了防止球团粘在炉上，必须防止球团软化。提高碱度可以提高球团的软化温度。另一方面，适当提高碱度可使渣体疏松，有利于锌的挥发和回收。

(3) 调速加入球团中的碳量。颗粒中的碳含量主要起到还原作用。如果还原剂所需碳量的理论计算值很小，其余的碳只起到供热和使吸收液相减少黏结的作用。如果外供热量足够，可根据炉料含碳量的多少，通过实验得到最佳加入碳量，从而达到节能降耗的目的。

对于伴有有色金属的矿，由于次氧化锌中含有较多稀有金属，中南工业大学分析的次氧化锌化学成分（质量分数,%）为：ZN63.28；Pb2.12；Bi5.32；Ca0.08；Fe0.04；Si0.02；Mg0.01；Na0.3；Sn 0.64；In 0.22；As 0.08。结果表明，次氧化锌中含有大量的稀有金属和贵金属，具有良好的回收经济价值。

4.4 炼钢尘泥回收利用技术

4.4.1 转炉含铁尘泥来源与特征

在炼钢过程中，被添加到炉子中的原料有 2%转化为粉尘。转炉粉尘产生量约为 20 kg/t 钢，电炉粉尘产生量约为 10～20 kg/t 钢。

炼钢粉尘主要由氧化铁组成，氧化铁含量在 70%～95%之间，剩下的 5%～30%的粉尘由氧化物杂质组成，如氧化钙和其他金属氧化物（主要是氧化锌）。炼钢粉尘中的其他化合物有锌铁尖晶石、铁镁尖晶石、碳酸钙和炭。碱性氧气转炉炼钢过程产生的粉尘已被用作烧结生产的原料，在高炉中回收利用，但锌在炼铁过程中是有害元素，因为锌容易在冶炼过程中形成炉瘤，限制了固体和气体在高炉中的流动。日本高炉原材料允许含锌量为 0.1%～0.2%（粉尘处理后），新建高炉允许含锌量为 0.01%～0.02%。为了满足新型高炉原料的要求，高炉粉尘脱锌率应达到 90%～99%。

当含锌粉尘被回收到熔炉中时，几乎所有的锌都气化并再次变成粉尘。然而，在炼钢过程中，如果粉尘中的锌含量较高，则钢水中的锌含量最终会增加，有可能超过用户要求的锌含量标准。碱性氧气转炉炼钢过程中产生的粉尘中锌含量的增加主要是由于镀锌废钢利用的增加。

转炉粉尘的化学成分的质量分数和分散度情况见表4-11和4-12。

表4-11　氧化转炉炉尘化学成分的质量分数　单位：%

类型	TFe	FeO	Zn	SiO_2	CaO
干法除尘	64.0	5.6	0.3	1.4	1.8
湿法除尘	68.3	62.4	0.54	0.4	3.1

表4-12　转炉粉尘的分散度

分散度/μm	740	30～40	20～30	10～20	5～10	<5
质量分数/(%)	20～30	约15	20～30	5～10	约3	10～35

电炉粉尘是电炉炼钢过程中产生的粉尘，它的粒径很细，除了铁，它还含有锌、铅和多种金属，具体化学成分和含量与炼钢类型有关。一般来说，碳钢和低合金钢的粉尘含有更多的铅和锌，不锈钢和特殊钢的粉尘含有铬、镍和钼。其捕集途径主要是烟尘捕集器—烟道—布袋除尘器。粉尘含铁约30%，含锌、铅约10%～20%，细度小于20 μm的占90%以上，炉尘化学成分见表4-13。

表4-13　电炉炉尘化学成分的质量分数

化学成分	质量分数/(%)	化学成分	质量分数/(%)
TFe	30.2	MnO	2.8
FeO	2.8	P_2O_5	0.5
Fe_2O_3	40.0	Na+K	0.4
ZnO	24.2	Cu+Ni	0.9
PbO	4.1	C	1.7
CaO	5.1	S	0.6
SiO_2	4.8	Cl	3.3
MgO	1.3	其他	5.3
Al_2O_3	2.4		

转炉和电炉粉尘的粒度分布如图 4-9 所示。可以看出，大部分炉尘粒径均在 10 μm 以下，转炉湿法除尘所得的除尘污泥经真空过滤或压滤后通常含有 15%～30%的水，呈胶状体，水分不易蒸发，即使晾晒半年也不会干燥。

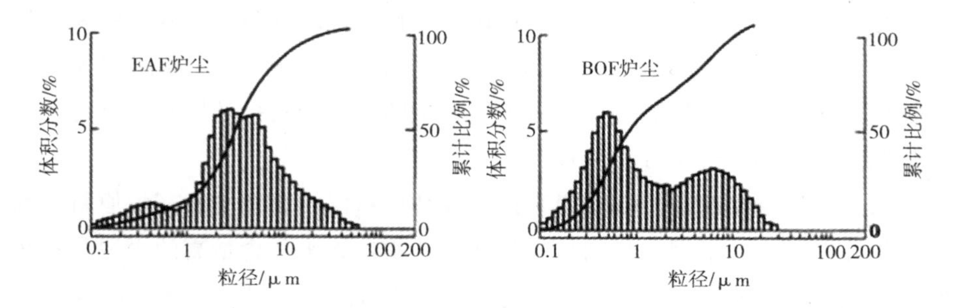

图 4-9　转炉和电炉炉尘的粒度分布

研究结果表明，炼钢粉尘具有粒径小、分散后比表面积大的特点。炼钢粉尘中 200 目含量大于 70%，325 目含量大于 50%。平炉尘粒径小于转炉尘粒径，一般含量在 80%以上。由于其粒径小，表面活性高，易黏附，干燥后易起尘，严重污染周围环境。TFe 含量高，杂质含量低。绝大多数炼钢粉尘成分简单，含铁量高，杂质相对较少，有利于综合回收利用。如果处理得当，可以制备多种化工产品。

炼钢粉尘中含有较多的 CaO、MgO、K_2O、Na_2O_2，这些氧化物被水吸收后形成强碱性氢氧化物，导致周围水和土壤的 pH 值较高，影响作物生长，造成较大的毒性。由于电炉炼钢的特殊性，其粉尘中含有锌、铅、镍、铬等重金属元素，一般以氧化物的形式存在。露天堆放过程中，易受雨水侵蚀和溶解，造成水土中重金属污染。表 4-14 为我国部分钢铁厂转炉粉尘成分分析。

表 4-14　我国部分钢厂转炉尘泥化学成分的质量分数　%

单位	TFe	FeO	Zn	Pb	C	CaO	MgO	SiO_2	Al_2O_3
A 钢厂	55.36	50.37	0.47	0.40	3.01	4.63	6.61	3.34	2.02
B 钢厂	47～53					10～17	1.5～2.5	2.5～4.5	
C 钢厂	32.72		15.0			1.03	1.29	2.44	4.0
D 钢厂	32～34		0.25	0.09	少量				
E 钢厂	60.87					18.82	1.3	4.05	
F 钢厂	48.59	12.79	3.00	1.11	4.2	9.23	4.44	3.47	1.17
G 钢厂	62.46	24.40				2.30	0.25	0.82	0.80

4.4.2 炼钢粉尘回收利用途径

1. 直接做烧结生产的原料配料

将炼钢粉尘与其他干粉、烧结返矿混合作为烧结原料也是我国主要的使用方法，占到了85%以上的利用率。或将含铁粉尘的金属化球团作为高炉炼铁原料送回转窑还原焙烧，或将含铁粉尘的混合物直接送回转窑进行还原焙烧制成海绵体，烧结分为两种。

(1) 直接烧结法。干湿粉尘直接与烧结原料混合，烧结成高炉原料。利用高炉瓦斯灰、瓦斯泥、烧结粉尘和轧钢铁鳞，将水分含量高的尘泥与石灰窑气净化后的干石灰粉尘混合，使水分含量降低3%～4%，然后和烧结配料一起使用，每吨烧结矿粉尘利用率可达140～180 kg，平均含尘量为140～180 kg。每利用1 t含铁尘可节约铁矿石和精矿740 kg、石灰石150 kg、原矿33 kg、烧结燃料37 kg。

含铁粉尘金属化工艺是根据生产量将灰泥按产生量配料，搅拌均匀，用水润湿，并在圆盘造球机上添加黏结剂，制成球团。生料球在700～750℃低温煅烧或250℃以下干燥后，在回转窑内利用尘泥中的碳和部分还原剂(无烟煤和碎焦)，经还原、冷却和分离得到金属化球团。回转窑直接还原工艺可以充分利用粉尘中的铁和碳资源，能有效去除铅、锌、硫等有害杂质，回收部分铅、锌。还原后得到的球团含铁量大于75%，金属化率大于90%。其高温软化性能接近普通烧结矿，抗压强度可达60 kg/t以上。高炉内几乎没有粉化现象。这种方法不仅有利于环境保护，而且为冶金原料提供了优质、廉价的原料。武钢半工业试验结果表明，随着成品球团品位的提高和铁含量的提高，当球团的TFe为61%～71%，MFe>69%时，配入15%这样的球团高炉产量比烧结矿提高12%～14%，焦比降低10%。因此，无论从技术上还是经济上，该工艺是钢铁厂回收含铁粉尘较为合理的方法，具有明显的优势。但该方法需要建造大型复杂的设备，如链箅机、回转窑等，投资大，占地面积大。

但这种处理方法存在一些问题。首先，粉尘中含有氧化锌、氧化铅、Na_2O、K_2O等有害杂质，而烧结过程中的氧势较高，难以有效去除这些有害杂质。因此，粉尘进入高炉容易造成高炉有害杂质恶性循环，危及高炉的正常运行。其次，各种粉尘的化学成分、粒度和含水量存在较大差异，会引起烧结矿成分和强度的波动，不利于提高烧结矿产量和质量，也影响高炉熔炼的稳定生产顺序。第三，该方法只能回收部分含铁粉尘，但不能将其全部利用，回收价值不高，不经济。从某种意义上说，这也是对这些宝贵的二次资源的浪费。

（2）小球烧结法。细粉尘适合这种方法。其过程是将湿浆在料场自燃干燥后送至料仓。干湿浆与黏结剂混合后送圆盘造粒机制成2～8 mm的小球，送成品槽作为烧结原料。小球烧结工艺具有设备简单、投资少、操作方便、影响生产的技术问题少等优点，有利于提高烧结矿产量和质量，占地面积小，但除铅、除锌效果差，不能使用铅、锌含量高的含铁尘泥。因此，需要将瓦斯泥脱锌后使用，瓦斯脱锌选铁试验结果表明，湿法脱锌对铁的回收率≥80％，对锌的回收率≥40％，脱锌后瓦斯泥含Fe≥46％，含Zn≤0.8％，可回收利用。

2. 冷黏球团直接入炉冶炼

该工艺不需要加热工艺，将含铁粉尘和黏结剂混合在造粒机上制成10～20 mm的球团，经养生而固结。一般情况下，养生固结时间为室内2～3 d，室外7～8 d，成品抗压强度为1 000～15 000 MPa，满足高炉入炉要求。入转炉强度可略有降低，但原料成分要求较严格。

3. 转炉尘作炼钢造渣剂

生产冷固结块渣的转炉泥与少量萤石、黏结剂等辅料混合，经造块冷固结用作炼钢的冷却剂和造渣剂。将含水转炉的污泥滤饼、石灰粉等碱性物料在搅拌机中强制搅拌消化，再在消化场进一步消化。完全消化后的污泥送压球机压球，球团送入固结罐进行固结。产品经筛选后作为造渣剂送至转炉，直接回转炉不经过烧结和炼铁工艺，对降低能耗、回收铁、降低石灰和萤石的消化有明显的效果。采用转炉污泥球团造渣，化渣速度快，除磷效果好，喷溅小，金属回收率高。结果表明，该工艺可行，冶炼效果好，对钢的质量无不良影响，改善了半钢炼钢的化渣条件。造渣块在开吹初期加入炉内可迅速熔化，可使成渣时间可提前1～2 min，脱硫效果可提高10％～15％，每吨钢材消耗可减少1.22 kg。转炉泥冷固结造块生产炼钢渣是一种工艺简单、投资少、见效快、经济效益好的含铁尘泥回收方法，可充分发挥闲置设备的作用，也可以实现含铁尘泥的合理利用，提高其利用价值。

4. 制备氧化铁红

炼钢烟尘的湿法冶金处理是近年来的一个热点研究课题。国外，特别是日本对该方法进行了大量的研究，在该领域取得了突出的成就，并获得了多项专利技术。由于炼钢烟尘中的铁矿石主要是 Fe_2O_3 和 Fe_3O_4，杂质主要是 CaO、MgO 等碱性氧化物，炼钢烟尘湿法处理的主要任务是回收烟尘中的铁元素，使其成为其他产品的主要组分，创造经济效益和环境效益，减少环境污染。

(1) 制备铁红。如果以转炉或电炉烟尘为原料，则需要锻烧除碳。锻烧温度为 700℃，时间为 3 h，酸浸液中 HCl 含量为 15%～10%，酸浸固液比为 1∶3，酸浸时间为 1 h，酸浸温度为 50℃，酸浸后可过滤，制备 $FeCl_3$。过滤后的残渣可以锻烧和氧化，温度控制在 600～700℃，时间为 1.5～2 h，锻烧氧化得到的铁红色产物已由相关单位进行了测试，铁红产品含量 98% 以上，320 目筛余物占 0.1%，遮盖力为 7.8 g/cm²。产品符合一级铁红的要求。该产品深受广大用户的好评，认为平炉尘产生的氧化铁红的细度明显优于其他同类产品。建成的生产线运行成本低，净利用率可达 30%～40%。工艺流程如图 4-10 所示。

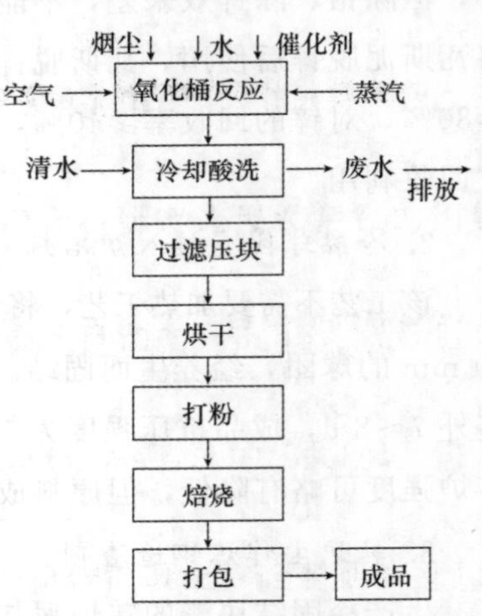

图 4-10 氧化铁红生产工艺流程

(2) 制备 $FeCl_3$。制备 $FeCl_3$ 的工艺流程如前所述。制备 $FeCl_3$ 的原理为：

$$2FeCl + 2HCl + \frac{1}{2}O_2 \xrightarrow{\text{催化剂}} 2FeCl_3 + H_2O$$

催化剂在这个反应中起着重要作用。催化剂分批或连续加入溶液中，温度控制在 50～60℃之间，$FeCl_3$ 产品质量达到工业级液态三氯化铁一级标准，可用作净水剂或化工原料。

5. 制备磁性材料

平炉尘铁品位高、粒度细且均匀。其化学纯度可满足制备磁性材料的要求。炼钢尘泥中铁矿石的主晶相为 γ-Fe_2O_3、Fe_3O_4 和 α-Fe_2O_3，次晶相为 FeO，在氧化气氛中焙烧尘泥可实现晶相转变。转化粉尘的主晶相是 α-Fe_3O_4，具有很高的化学活性。杂质少的平炉尘可直接作为制备铁氧体磁性材料的原料。

6. 制备聚合硫酸铁

聚合硫酸铁简称 PFS。PFS 是一种六价铁化合物，在溶液中表现出很强的氧化作用。因此，PFS 是集消毒、氧化、混凝、吸附于一体的多功能无机絮凝剂。在水处理领域具有广阔的应用前景。兰州钢铁厂以炼钢粉尘（含铁 62.46%）、钢渣（含铁 46.80%）、废硫酸和工业硫酸为原料，通过配料、溶解、过滤、中和、水解、聚合等工序，生产出高质量的聚合硫酸铁，并建立了年产 1 000t 的生产线。

整个流程的反应原理如下：

$$Fe_2O_3+3H_2SO_4 \longrightarrow Fe_2(SO_4)_3+3H_2O$$

$$FeO+H_2SO_4 \longrightarrow FeSO_4+H_2O$$

$$4FeSO_4+2H_2SO_4+O_2 \longrightarrow 2Fe_2(SO_4)_3+2H_2O$$

$$mFe_2(SO_4)_3+mnH_2O \longrightarrow [Fe_2(OH)_n \cdot (SO_4)_{3-\frac{n}{2}}]_m+\frac{mn}{2}H_2SO_4$$

生产的聚合硫酸铁符合原化工部聚合硫酸铁一等品标准，使用安全可靠。

7. 制备中温变换催化剂 Fe—Cr 系

中温变换催化剂是合成氨工业不可缺少的催化剂。催化剂的主相为 Fe_2O_3，还原后使用，活性组分为 Fe_3O_4。$\gamma-Fe_2O_3$ 与 Fe_3O_4 属于同一结晶体系，晶胞常数相近，还原成 Fe_3O_4 能耗低，活性高。因此，γ 型 Fe_3O_4 适宜于制备中温变换催化剂，而平炉粉尘的主晶相为 $\gamma-Fe_2O_3$，颗粒细小，杂质少，可用于制备中温变换催化剂。

4.4.3 转炉尘泥回收利用技术

1. 转炉尘泥湿法除尘尘泥回收利用

我国转炉除尘一般采用湿法除尘器。尘泥含铁量约为 56%，CaO、MgO 含量较高。为了充分利用矿产资源，将热瓦斯灰掺入转炉灰中进行两级混合，得到粒度均匀、水分稳定的疏松转炉灰加工材料，适用于烧结生产。

大于 100℃的热瓦斯灰按比例加入转炉尘泥中。在一段搅拌机中混合后，它吸收水并产生蒸汽，使块状尘泥变软且成松散小块，然后通过传送带在二段搅拌机中混合，以细化粒度，使其成为粉末材料。利用该转炉泥进行原料处理，可提高烧结矿质量，节约燃料，取得良好的经济效益。在烧结生产中，一般4%的配比可以加快烧结速度。同时，生产出的烧结矿料熔点低、烧结条件好、成品率高、强度高，燃料消耗下降。

2. 转炉干法除尘灰回收利用

(1) 粉尘热压块工艺

采用干式LT工艺对炼钢转炉粉尘进行热压块处理时，可获得高质量的压块并回收利用。工艺流程如图4-11所示。

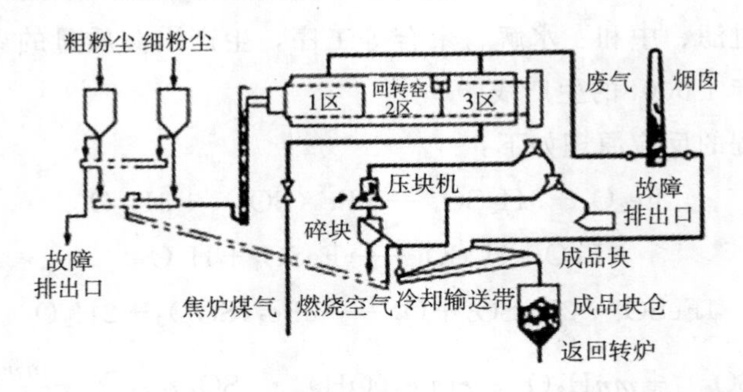

图4-11 LT法粉尘热压块工艺流程

混合灰称重后，经螺旋给料机送入回转窑，加热至压块温度。然后送入压块，挤压成45 mm×35 mm×25 mm的压块。随着辊子旋转压力的急剧下降，成块脱落，进入振动筛进行筛分。筛下不合格品的尺寸小于12 mm，约占10%，用作压块的返回物料。温度约600℃的成品块通过冷却输送链冷却至80℃，装入成品块仓。成品通过带防雨棚的车辆运至炼钢厂，作为废钢或矿石再利用。

(2) LT法粉尘热压块主要设备与数据。压块系统的主要设备包括：粗颗粒、细颗粒粉尘储仓和成品块储仓；输送至回转窑的输灰设备；间接加热的回转窑；热压块机振动筛；成品块的冷却输送链。

1) 粗细粉尘及成品块储仓。各储仓的数据见表4-15。

表4-15 各储仓数据

项目	粗尘	细尘	成品块
堆积密度/（t/m^2）	2.5～3	0.9～1.0	2.5
含水量/（%）	0	0	0
温度/℃	20～80	20～140	80
粒度/mm	<3	<1	45×35×25
储仓设计容积/m^3	30	125	30

续表

项目	粗尘	细尘	成品块
储仓使用容积/m^3	25		25
储仓外形尺寸/mm	ϕ2500×8200	ϕ3400×13100	ϕ3380×5200
灰斗处防堵喷嘴	有	有	
灰仓外电伴热带及保温	有	有	有 隔声作用 86 dB（A）
全铁含量/（%）	90.10	69.6～71.4	约 79
金属铁含量/（%）	76.50	16.8～19.5	约 42.30
金属锌含量/（%）	0.18	1.24	0.816
比表面积/（m^2/kg）	203～230	2607	
粉尘堆角	35°		

②输送至回转窑的输灰设备。灰库卸灰是通过变速卸灰阀和相应的称重装置，控制粗细粉尘以一定的比例相混合，其中包括部分压块机的返回料而构成的压块混合料。混合料通过链式输送机、斗式提升机和螺旋给料机加入回转窑。

进料量由压块机的容量决定。压块机的最大工作能力为 12 t/h，给料量由压块机的设定能力决定。给定的混合料量主要根据成品块密度和混合物料配比计算。

3）间接加热的回转窑。为了改善窑壁与物料之间的热传递，沿窑内侧焊接螺旋导流叶片，保证物料均匀分布在窑鼓的长度上。

回转窑内物料的间接加热是以传导传热方式通过 10 个分三段布置的烧嘴对窑壁进行加热（最高允许温度为 800℃）的。在加热过程中，窑鼓使物料以一定的转速均匀加热。物料在窑内的停留时间取决于回转窑的速度，回转窑的速度由变速电机控制。回转窑主要技术数据见表 4-16。

表 4-16　回转窑的主要技术参数

项目	参数	项目	参数
生产能力/（t/h）	5～12	回转窑的几何尺寸/mm	ϕ2 000×20 000
最大返回物料/（t/h）	1	回转窑的工作噪声（A）/dB	<85
出窑的物料温度/℃	650±25	回转窑转速/(r/min)	0.8～4
间接加热用煤气种类	焦炉煤气（630 mm H_2O）	间接加热煤气用量/(m^3/h)	1030～1100

④压块机和振动筛。当混合料加热到回转窑压块温度时，由于重力作用，物料通过两通溜槽送入立式螺旋给料机。螺旋给料机以一定的速度送入压块机。热尘在两个压力辊之间以 120 kN/cm 的压力压成块，由振动筛分级。大于 12 mm 的块为合格品，成品块经冷却输送链冷却送至成品块库。小于 12 mm 的块为不合格块，送回回转窑进行下一个物料循环。

如果回转窑发生故障，必须清除所有物料，并通过事故两通溜槽排出。只有当所有的物料都清空后，回转窑才能停止转运。压块机主要技术参数见表 4-17。

表 4-17　压块机的主要技术参数

项　　目	参数	项　　目	参数
经加热的物料允许的最低压块温度/℃	450	物料的最大通过能力/（t/h)	12
经加热的物料允许的最高压块温度/℃	650	主传动电机功率/kW	200
经加热的物料工作温度/℃	580		

给定料位，在高料位下，螺旋给料机的速度设定为 25 r/min。当实测料位与给定值发生偏差时，如果实际料位高于给定值，则会增加螺旋给料机的转速，使偏差趋于零；否则会发生相反的情况。这种稳定的螺旋给料机速度由速度同步控制，以确保压制出合格的产品块。

⑤成品块冷却和返回料输送。振动筛的产品块温度约为 650℃，送至冷却输送链。产品块均匀分布在整个冷却链的冷却带上，热压产品块经过冷却区。冷却输送链上设有与冷却风扇相连的排风罩，排风罩上设有分流挡板，保证冷风沿长度方向均匀分布。冷却空气借助冷却风扇的抽气力通过冷却链板的小孔进入，使热产品块达到冷却目的。冷却链末端的温度可以降低到 80℃，卸到成品块仓。

冷却链漏下的物料经链条输送机收集后，经横向螺旋输送机和旋转给料机卸至回流链条输送机，再次参与配料，送入回转窑，重复上述压块工艺。

4.4.4　电炉粉尘回收利用技术

1. 电炉粉尘性质

电炉炼钢发展很快，特别是在不锈钢和特种钢的生产中，电炉具有明显的优势。电炉炼钢烟尘中除铁外，还含有铅、锌、镉、铬、镍等金属元素。这些元素通常以氧化物的形式存在，其含量取决于熔炼钢的类型。碳钢或低合金钢冶炼过程中产生的粉尘主要是铅和锌，而不锈钢或特殊钢的粉尘主要是铬和镍。

电炉粉尘是有毒废物，填埋弃置对环境有害。固化处理不能回收粉尘中有价值的金属资源。现有的处理方法很多。一般情况下，碳钢粉尘主要考虑回收铅、锌，不锈钢粉尘主要考虑回收镍、铬。处理工艺可分为热解、湿法、热解与湿法相结合。具体回收方法的选择应根据产生的电炉粉尘的成分和规模，并考虑生产成本、产品方案和市场出路而确定。在我国，电炉粉尘是炼钢中常用的增碳造渣剂。增碳精度可达 94%，并有一定的脱磷效果。同时，在节电、缩短冻结时间、延长炉龄等方面具有明显的效果。其工艺流程为：粉尘＋碳素→配料→混合→轮碾→成型→烘干→成品。产品物理性能如下：抗压强度 20～25 MPa，熔点 135℃，含水率小于 3%。

电炉渣采用含锌粉压块成型。一些厂家在电炉熔氧期间全程喷碳，泡沫渣埋弧用于加速电炉熔炼，提高生产效率。泡沫渣操作是电炉的一项重要技术。进一步强化泡沫渣的形成，对降低电耗、电极消耗和耐材消耗，提高渣的冶金效果具有良好的作用。在电炉生产的整个过程中，使用泡沫渣进行操作。因此，通过对瓦斯泥和其他添加剂的合理配比进行冷压块成形。同时，当电炉富氧喷碳制作泡沫渣的同时，采用合理的工艺将瓦斯泥块加入电炉，从而增加了炉外碳源和氧源，加强了泡沫渣的形成，减少发泡剂的用量，提高了泡沫渣的冶金效果。

以废钢为主要原料的电炉钢在我国钢材总量中所占比例约为 17%，低于世界平均电弧炉钢的 35%。每处理 1t 废钢可产生约 12～20 kg 电炉粉尘。炉尘因含有锌、铅、镉等重金属而被列为有毒固体废物，由于锌含量高，也是一种不含硫的锌资源。为了降低处理成本，世界各地的电炉炼钢厂都开发了多种处理工艺。电炉粉尘处理的目的是以低成本回收锌。处理方法可分为火法和湿法。火法冶金处理的基本原理是还原蒸发，使锌从炉灰中还原为锌蒸气，以氧化锌或金属锌的形式回收。

典型的电炉炉尘火法处理方法见表 4-18。

表 4-18　典型的电炉炉尘火法处理方法

名称	方法	锌产品	特点
威尔兹法	用回转窑的氯化挥发法。原料造球后装入回转窑，以重油、煤粉、液化气等作燃料。操作温度以炉料不熔化为宜	粗 ZnO	可连续生产，设备可大型化，适用于大量处理。很早就用来进行 Zn 和 Pb 的挥发处理。挥发率很高。挥发残渣可作为铁原料返回高炉。曾经有多种开发小型回转窑的尝试，但都没成功
电炉蒸馏	电炉粉尘与氯化锌矿混合物造块后经回转窑氯化除铅、烧结机烧结除氯后，在电热炉内通电，靠炉料的电阻发热，以焦炭还原并挥发除锌，Zn 蒸气氧化为氧化锌	ZnO	本来是生产氧化锌的方法。ZnO 产品纯度较高，可直接商品化，设备大型，复杂，无需送氯助燃，排气量少，但工艺耗电多
埋弧电炉熔融还原（MF 法）	使用小型熔矿炉，粉尘必须造块	粗 ZnO	残渣是熔融的炉渣。可作为稳定的炉渣使用。尚无返回电炉利用的例子
竖炉	具有两圈风口的特殊小高炉，上层风口可将粉尘直接吹入炉内，不必造球	Zn，ZnO $Zn(OH)_2$ 混合物	适合大量处理，根据处理的炉尘或炉渣的情况有时可产生熔融的金属，不仅适用含锌炉尘，也适用不锈钢渣和不锈钢粉尘
转底炉	粉尘造块后在圆形转底炉上稳定地与还原气流接触，将粉尘中的 Zn 还原挥发除去。本来这种工艺是为制造还原铁开发的，也有以粉尘处理还原挥发除锌为目的而设的	粗 ZnO	气体流动不激烈，尽可能地抑制伴随气体流动而产生的二次粉尘。因此挥发出来的粉尘中含锌率高，价值较高。批式处理，还原速度快，效率高，挥发残渣主要是还原铁，可返回高炉或转炉

(1) 威尔兹（Waelz）法。威尔兹法是目前应用最广泛的电炉粉尘处理工艺。最初在德国的 Agorag 有四家工厂使用威尔兹法处理钢铁厂的含锌粉尘。年处理含锌粉尘 5×10^5 t，年生产锌和铅 1×10^5 t。威尔兹法有两种威尔兹工艺，即一段威尔兹工艺和两段威尔兹工艺。一段威尔兹工艺采用球团给料，将烟气与 25%左右的焦粉或无烟煤混合制成湿球团，然后加入一个带有耐火衬里的略微倾斜的长回转窑。粗氧化锌产品通常由布袋除尘器或静电除尘器收集，氧化锌的含量为 55%～60%，经进一步处理，可作为锌冶炼厂的

原料。窑渣经进一步磁选回收，剩余焦炭返回使用。磁选后的渣呈中性、粒状、多孔、半玻璃化、无毒，可作为建筑骨料。二段威尔兹工艺是由美国HRDC公司开发和应用的，其第一段类似于一段威尔兹工艺，即电炉粉尘在回转窑中分离锌、铅、镉、氯和铁，得到一个含有51%～58%TFe的直接还原块作为电炉的原料。然后，含有锌、铅、镉和氯的蒸汽进入第二个回转窑再处理得到粗氧化锌和铅镉氯化物。以粗氧化锌为原料进行常规锌冶炼。威尔兹法生产能力大（8×10^4～10×10^4 t/a），技术成熟，经济效益好。只要电炉粉尘中锌铅含量超过20%，威尔兹法就具有经济效益。进一步降低焦炭等能源消耗是提高焦炭经济效益的关键。

（2）转底炉直接还原工艺（Fashtmet）。转炉处理电炉烟气和粉尘的技术已经经历了一个漫长的研究和发展过程。本工程主要包括配料制团、还原、烟气处理及烟气回收三大主要单元。也就是说，将电炉粉尘等废弃物与粉碎后的还原剂混合，也可不混合，制团、干燥，然后送入回转炉，在1 316～1 427℃高温下进行处理，得到直接还原铁（DRI）。同时，还原的挥发性有色金属如锌、铅等也挥发到烟气中，另外，烟气中还有一些未完全燃烧的一氧化碳，使烟气完全燃烧，回收余热。烟气经余热回收后进入布袋除尘器回收粉尘，得到含锌40%～60%的粗氧化锌粉尘，可直接送冶炼厂处理回收。转炉炉底直接还原挥发工艺的开发与应用，对钢铁厂电炉粉尘治理具有重要意义，具体体现在：铁、锌、铅等贵重金属同时回收利用，使废物得到充分回收利用；电炉粉尘中的铁以直接还原铁的形式回收，是炼钢的优质原料，实现了铁资源的厂内循环利用，为电炉粉尘的就地处理提供了物质基础和技术支持。

转底炉的剖面图和平面图如图 4-12 所示。转底炉床和固定炉壁内侧有水封，以保持气密性。炉壁两侧设有若干烧嘴，用于喷射燃气燃烧加热料。固体炉料和烟气逆流运动一周，完全还原和挥发反应。图 4-13 为电炉尘和铁皮各占50%的球团在转底炉中金属化率和氧化锌残量随时间变化的图。从图 4-13 可以看出，球团的金属化和锌的去除只需要10 min。表 4-19 分别列出了电炉粉尘和转炉粉尘处理后得到的粗氧化锌的化学成分。表 4-20 列出了原料饼和处理后产品的化学成分。表 4-21 总结了这种方法的效果。

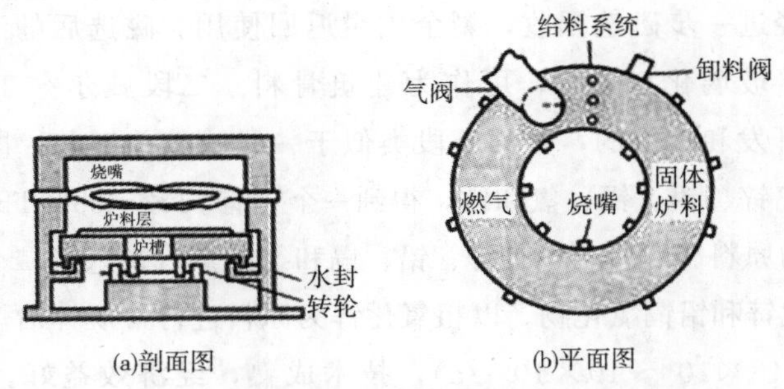

图 4-12　转底炉的剖面图和平面图

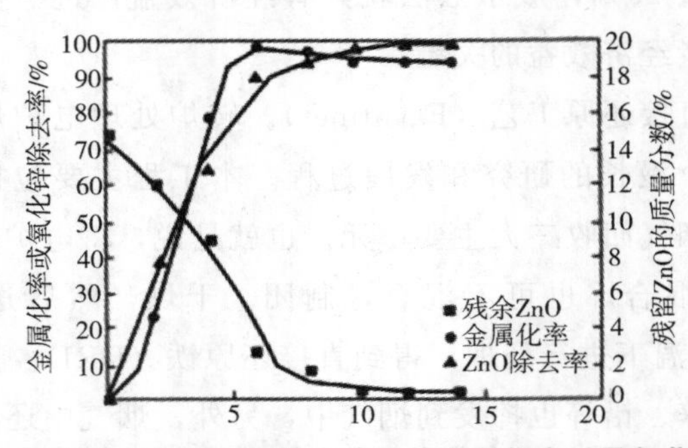

图 4-13　转底炉中电炉尘和铁皮球团的金属化率以及氧化锌残量随时间的变化曲线（1 288℃）

表 4-19　电炉尘和转炉尘处理后所得粗氧化锌的化学成分的质量分数

单位：%

成分	EAF 炉尘处理	联合钢铁企业废弃物处理	成分	EAF 炉尘处理	联合钢铁企业废弃物处理
Zn	63.7	60.4	Fe	0.4	0.8
Pb	0.53	1.0	Ca	0.11	0.4
Cd	0.15	0.2	Si	0.2	0.4
K	2.3	4.7	F	0.2	0.7
Na	2.4	1.5	Cl	5.6	5.4

表 4-20　原料饼和处理后的产品的化学成分的质量分数　　单位：%

成分	原料饼	处理后产品	成分	原料饼	处理后产品
总 Fe	50.54	80.42	S	0.21	0.32
金属 Fe	1.01	77.0	SiO_2	2.90	4.76
ZnO	1.63	0.10	Al_2O_3	1.24	2.02
PbO	0.56	0.24	CaO	3.59	5.89

续表

成分	原料饼	处理后产品	成分	原料饼	处理后产品
K	0.11	<0.004	MgO	0.85	1.43
Na	0.15	0.16	总 Mn	0.40	0.70
Cl	0.41	<0.0036	H_2O	3.95	
C	14.84	1.94			

表 4-21　转底炉处理效果　　单位：%

项目	数量水平	项目	数量水平
原料减重率	40	氧化铅脱除率	>99
铁的金属化率	>90	碱脱除率	>50
氧化锌脱除率	>95	氧化物脱除率	>90

2. 电炉粉尘回收利用技术

有关电炉粉尘资源化研究，国外研究成果很多，各国研究处理电炉粉尘的工艺方法见表4-22，但这些方法主要是针对碳钢粉尘的。

表 4-22　电炉粉尘处理回用方法

发展现状	名称	类型	方法简介
已成熟的技术	两段 Waelz 窑	火法	两段 Waelz 窑技术在美国和墨西哥等地被采用，它是一种标准的处理粉尘的生产过程，可处理 80%～85%的碳钢冶炼粉尘。生产中首先将粉尘加入第一段窑，锌、铅、镉和一些氯化物被分离，而产生的无毒产品如铁等返回电炉，第一段窑产出的粉尘送入第二段窑产出低纯度氧化锌和铅、镉氯化物
	一段 Waelz 窑	火法	欧洲和日本采用一段 Waelz 窑，实际上它与两段 Waelz 窑的第一段相同，产品为铅和锌金属或锌化合物作肥料添加剂。在日本还增加了一段氟、氯化过程
	火焰反应器	火法	火焰反应器为一旋风炉，将细小干燥的电炉粉尘加入炉内，并鼓入氧气至燃烧炉内的焦炭或煤粉，产出含铅、镉和卤化物的氧化锌初级产品，同时产出满足环保要求的富铁玻璃炉渣，这一反应器运行费用较高，难于推广
	焦炭或煤还原	火法	经制粒后的电炉粉尘加入窑中，并同时加入焦炭或煤作为锌氧化物的还原剂，含铅、镉和卤化物和氧化锌于炉尾收集后去除卤化物得低等级氧化锌出售给炼锌厂，所提的副产品复合盐可用作润滑液添加剂，产出的金属铁返回电炉回收铁，这一技术比 Waelz 窑经济合理，它产出的是金属态铁和高附加值的副产品，而 Waelz 窑只能产出弃渣

续表

发展现状	名称	类型	方法简介
已成熟的技术	MR/Elec	火法	日本利用原有的炼锌设备开发这一技术，产品为含锌中间产物氧化锌，进一步冶炼回收锌。该法并未得到推广应用，主要是因为昂贵的特殊冶金设备
	MR	湿法与火法	MR 法是北美的第一个湿法冶金处理过程，采用氯化铵溶液浸出粉尘使大部分锌、铅、镉溶解进入溶液，含铁浸出渣经洗涤过滤后回收，用锌粉置换浸出液获铅和镉初级金属产品。纯净溶液送结晶器产出高纯氧化锌。氯化铵结晶母液浓缩后返回浸出。1995 年后，MR 法进一步改善，加入一火法流程回收电炉粉尘中的铁
	Laclede	火法	Laclede 过程十分简单，将电料粉尘和还原剂加入一个密封电炉。在金属还原蒸气的不同阶段回收锌、铅和镉，铁渣可达环保标准填埋弃置，这一方法存在的主要问题是产出的金属锌质量较差。意大利开发了一湿法流程处理电炉粉尘，采用氯化铵溶液浸出粉尘中的锌、铅和镉等氧化物，用锌粉转换浸出液获铅和镉，电积溶液得电锌，浸出渣干燥后配入煤粉制粒加入电炉回收铁、钾、钠氯盐蒸发结晶后出售，整个过程无任何废料弃置
	EZINEX	湿法	EZINEX 工艺主要包括浸出、渣分离、净化、电解及结晶等工艺步骤。该工艺回收锌纯度高（大于 99%），工艺过程可靠，无污染，产生的副产品无毒，并且可完全利用
	SuperDeox	固化	1995 年美国环保局声称经 SuperDeox 处理的电炉粉尘可填埋弃置，SuperDeox 过程将粉尘与铅、硅氧化物，石灰以及其他添加剂混合，使重金属离子氧化还原且沉积于铅、硅氧化物之中。处理后的粉尘可通过浸出试验，这一技术现在俄亥俄和爱达荷州被采用
	IRC	玻化	IRC 技术为一玻化过程，电炉粉尘与添加剂混合后采用一特殊设计加热炉熔化，产物为晶体且重金属离子被包裹于中间。这一方法与 SuperDeox 固化一样。金属资源没有得到回收利用
	Ausmel	火法	Ausmel 为流态化床技术，熔体、氧气和煤粉直接注入液态炉渣，第一炉中熔化电炉粉尘，第二炉中还原铅、锌、镉等氧化物使之进入烟气后在布袋收集，产出的最终炉渣达环保标准弃置

续表

发展现状	名称	类型	方法简介
新出现的技术	MeWool	火法	MeWool 是一火法冶金过程，首先混合电炉粉尘，其他废物和熔体后压团，球团经干燥后与还原剂一同加入冲天炉。从气粗中收集铅、锌、镉的氧化物，并产出白口铁和低铁炉渣。该方法现已完成实验室和小型工业实验
	Enviroplae	火法与湿法	电弧式等离子炉和浓缩器是这一技术的关键设备。湿法冶金去除氟、氯后的电炉粉尘经干燥与焦炭一同从空心石墨电极加入等离子电炉，铅、锌、镉等氧化还原后挥发经浓缩得金属锌，无害炉渣可弃置。现已完成实验室实验，并设计了一小型工厂，但浓缩器效率存在某些问题仍需进一步研究
	AllMe	火法	AllMe 是又一等离子技术应用，它可产出高附加值的产品，电炉粉尘以及其他钢铁厂的废料与还原剂混合后制粒，采用回转窑预还原产出金属铁和碳化铁以进一步回收。锌同时被还原与再氧化为含铅和卤的氧化物，这一氧化物与炭一同加入等离子炉还原为锌、铅和镉金属以及含卤渣气，蒸汽经浓缩后得到金属锌和锌、钠氯盐熔体。这一方法已完成技术经济评价，正在协商投入运行
	IBDR-ZIPP	火法	IBDR-ZIPP 采用与前述不同形状和类型的等离子炉。压团后的电炉粉尘与焦炭一同加入炉中，铁的氧化物还原为生铁回收，锌从烟气中回收出售，炉渣达环保标准弃置。这一方法已于 1997 年在加拿大投入生产，可年处理 77 000t 粉尘
	ZINCEXD	湿法	西班牙在传统的电积锌技术基础上开发了 ZINCEX 工艺湿法处理电炉粉尘，采用硫酸浸出锌、镉氧化物和卤化物，经净化后电积得产品电锌，从净化渣中得镉，从浸出渣中提炼铅、电解废液可返回浸出。这一方法已在西班牙北部投入运行，可年处理 80 000t 电炉粉尘
	Rezade	湿法	法国采用湿法冶金方法处理电炉粉尘，强酸浸出后用锌粉沉积除去铅、镉，电积产出锌粉，浸出渣返回电炉回收金属，卤盐混合物出售，现已投入生产
	Cashman	湿法	Cashman 为盐酸高压浸出湿法流程。这一方法借用于处理含砷矿和炼钢粉尘，浸出液经锌粉除杂后产出高纯氧化锌，浸出渣除锌后生产氧化铁或金属铁。净化渣用于回收铅和镉

续表

发展现状	名称	类型	方法简介
新出现的技术	erraGaia	湿法	加拿大开发出三氯化铁高压浸出电炉粉尘的湿法流程，往浸出液中鼓入 H_2S 使锌经 ZnS 沉淀送锌冶炼，含铁浸出渣回收铁，铅以 $PbCl_2$ 或 PhS 结晶回收，浸出液可循环使用
	烧碱-浸取-熔融	湿法	若粉尘中 Fe 含量低于 10%，粉尘中的锌和铅可以用 5 mol/L 烧碱浸取，90%以上的锌和铅以及部分铜、铬被浸取出来。根据浸取毒性试验，浸取后的渣属于一般废物。浸取液中的锌和铅采用化学法分离后，直接电解制取高纯度锌，碱液直接回用于下一个流程。如果粉尘中的 Fe 含量高于 10%，粉尘需经过碱熔（310℃）后再浸取

不锈钢和特种钢的粉尘主要是镍和铬，但铅和锌的含量很低。我国镍铬资源不丰富，回收利用尤为重要。处理方法见表 4-23。

表 4-23　电炉冶炼不锈钢和特种钢粉尘处理方法

名称	方法简介
等离子法	等离子炉加热迅速并可达相当高的温度——10 000K 或更高。将电炉粉尘与炭加入炉中，超过 90%以上的金属氧化可迅速还原，目前世界上存在几台这样的等离子炉，如瑞典 Scandus 仍在运行，此方法的缺点是生产成本高、电能消耗大
电炉间接回收法	间接回收电炉粉尘可生产镍铬合金。美国矿业局将粉尘与还原剂炭混合制粒，采用感应电炉还原并在还原后期加入硅铁、铁、铬、镍、铝，回收率可达 95%，另外也采用小型电炉进行了实验
流态化床技术	川崎制铁公司应用流态化床技术处理吹氧炉粉尘，还原剂焦炭置于炉床，铁和镍的回收率达 100%，铬的回收率达 98%，这一技术于 1994 年投入生产
直接回收	直接回收是将电炉产出的粉尘与还原剂混合后制粒，然后直接返回电炉，粉尘中的镍铬还原后进入钢液。它的最大优点是流程简单，不需新增设备，生产成本低

另外，从电炉干法除尘器收集到的粉尘用作铁原料制备水泥的熟料。集尘系统收集的粉尘超过 50%Fe_3O_4。其主要成分一般不会因钢种的变化而大幅波动。密度为 3.5～5.2g/cm^3，粒径分布小于 1 μm 的占 11.8%，1～8 μm 的占比为 72.1%，大于 8 μm 的占 16.1%，平均粒径为 3.67 μm。粉尘含铁量高，成分稳定，粒径和密度适中，是一种理想的水泥铁熟料。以电

炉粉尘为铁原料制备水泥的基本比例为：石灰石 78%～80%，黏土 16%～19%，粉尘 2.5%～3.5%。生料粉磨用 1.5 m×5.7 m 的球磨机，锻烧熟料用 1.6 m×1.35 m×29.5 m 的回转窑，成品粉磨用 1.83 m×6.4 m 的球磨机，通过对生料质量的比较，再生烟、尘渣的强度与普通生料非常接近，水化基本相同。以电炉粉尘为原料制备的 425 号矿渣硅酸盐水泥，其质量符合国家标准。

4.4.5 转炉尘泥制作造渣剂的工程实例

1. 尘泥造渣

在转炉吹炼过程中，特别是吹炼中期，或多或少会出现渣“返干”现象，即在石灰块表面形成一层结构致密、熔点高达 2 130℃的 $2CaO \cdot SiO_2$，严重阻碍了高炉进一步吹炼。石灰的熔化速度与结渣速度有关。由于转炉吹炼时间很短，如何提高转炉内石灰的熔化速度，即快速结渣，关系到提高转炉产量、降低原料消耗、促进脱硫脱磷、减少炉衬侵蚀、延长炉龄等关键问题。

实践证明，炉渣成分特别是渣中的 FeO 含量，对石灰的熔解速度有重要影响，FeO 是石灰的基本溶剂。在吹炼过程中，采用较高的枪位吹炼或向炉内加入氧化铁皮和矿石，可达到提高氧化铁含量的目的。污泥块的主要成分是 FeO，用污泥块代替矿石，可以提高渣中 FeO 含量，加速成渣。

2. 造渣工艺流程

由于除尘污泥含水率高，在传统的污泥成块工艺中，污泥应先脱水，再与石灰粉混合搅拌固料，待石灰粉完全消化后，再与黏结剂混合成块。该工艺流程长、复杂、占地面积大、生产率低，不能满足生产需要。为了解决这个问题，莱芜钢厂设计了一种新的工艺流程，如图 4-14 所示。

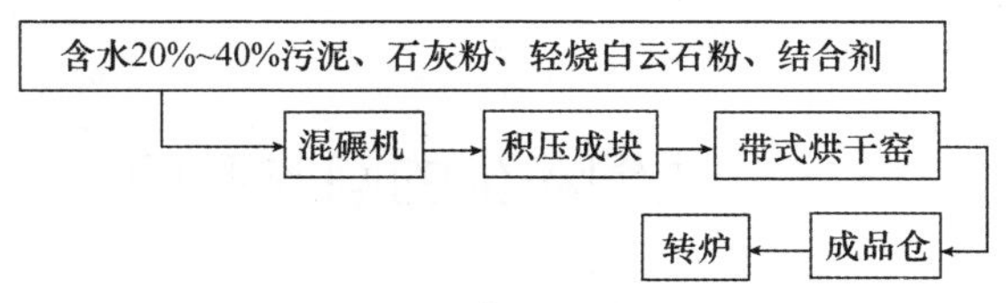

图 4-14 造渣工艺流程

图 4-14 所示工艺具有除尘污泥不需脱水、一次搅拌混碾成型、工艺简单、连续性强、生产效率高等优点。该工艺已成功地应用于莱芜炼钢厂污泥

成块系统中。

3. 污泥块原料配比及技术条件

污泥块原料配比见表4-24，其技术条件如下。

表4-24　污泥块的原料配比

原料	除尘污泥	氧化铁皮	轻烧白云石粉	石灰粉	黏合剂
配比/（%）	50	40	10	10	5

氧化铁皮：TFe≥75%，粒度≤3 mm，干燥无杂质。

石灰粉面：CaO≥75%，粒度≤1 mm

轻烧白云石粉：粒度≤3 mm。

造块黏结剂：Ca-Al-Si质粉状料粒度范围120目～1 mm。

4. 污泥块造渣剂冶炼效果分析

（1）减少萤石用量，降低石灰消耗。第一批渣加入转炉时，污泥可代替部分石灰和萤石作造渣剂，具有熔点低、结渣快、造渣反应稳定、操作方便等特点。它能使萤石消耗量每吨钢减少2.13 kg，石灰消耗量每吨钢减少31.26 kg。

（2）改善转炉炼钢的操作条件。采用污泥块在转炉内造渣后，转炉吹气平稳，化渣良好，减少了炉渣“返干”现象，通过减少飞溅改善了转炉炼钢的运行条件，使转炉的一些主要消耗呈下降趋势。

（3）降低转炉钢铁料消耗。污泥块本身含TFe≥50%，它直接提高了金属产量，并降低了转炉钢铁入炉后的消耗。

（4）减少喷溅来提高铁水收得率而降低钢铁料消耗。

此外，还可以降低转炉炉衬的侵蚀率，延长转炉的使用寿命和周期，降低每吨钢的成本。

4.5　轧钢粉尘的回收利用

氧化铁皮是高温轧制过程中经水冷却后在钢材表面产生的氧化物，因为它的形状像鱼鳞，所以被称为铁鳞。铁鳞进入除尘系统，除尘后可获得氧化铁皮粉尘，氧化铁皮粉尘易于回收利用。

4.5.1 生产球团矿利用

目前球团矿生产的主要原料是磁铁矿精矿、赤铁矿精矿和膨润土。随着铁精矿供应的日益紧张，铁精矿质量下降，铁品位和含铁量下降，直接影响到球团生产工艺和产量的提升。氧化铁皮粉尘是钢铁企业的轧钢废物，其铁品位和含亚铁量较高。利用氧化铁皮粉尘生产球团，可提高球团产量，扩大球团资源。

生产工艺为：细磨，细磨氧化铁皮粉尘至 0.074 mm 以下（小于 200 目）；配料，将氧化铁皮粉尘、磁铁矿精矿、赤铁矿精矿、膨润土等原材料按要求配料，氧化铁皮粉尘的配比量为 20%左右，赤铁矿配比量约为 35%；混匀烘干，在 500～650℃的温度下将配料烘干；造球，通过向圆盘中添加适当的水来造球；生球筛分，在振动筛中筛除大于 16 mm 和小于 6 mm 的生球；焙烧，将筛分后的 6～16 mm 的生球放在竖炉内焙烧，焙烧温度控制在 1 100～1 250℃；成球筛分，对成品球进行筛分，筛除 5 mm 以下的成品球。

用氧化铁皮粉尘生产球团，不仅提高了球团的质量，而且综合利用了钢铁企业的固体废物——轧钢粉尘。

4.5.2 用于炼钢原料

电炉炼钢技术由于耗电量大和采用精料冶炼方针，对废钢铁料有较高的要求，但这种废钢铁不仅数量少，而且价格高，虽然进行强化冶炼，采取吹氧助燃措施，缩短了时间，降低了成本，但由于原料价格高，供应不足，不能在市场上竞争，以氧化铁皮粉尘为主要原料的炼钢方法，以成本低廉、来源广泛的氧化铁皮粉尘、渣钢代替废钢，其主要含铁原料为 30%左右的氧化铁皮粉尘、70%的生铁废料或渣钢。

工艺流程首先是装料和电熔。当炉料温度高于 900℃时，用 0.4～0.6 MPa 的中压氧吹氧助熔，吹气时间为 1～20 min。炉料熔化后，排渣，完成熔化过程。

炉料熔化后，按炉料的 3%～5%分批投加矿石、石灰、氧化铁皮尘、萤石等造渣剂，再按上述压力进行吹氧脱磷、脱碳 1～20 min，使钢中的磷含量小于 0.03%，碳含量也小于 0.2%。

氧化后期，炉内渣被清除，石灰、炭粉、萤石等造渣剂按配料的 2%～3%分批投入，加入硅铁和锰铁等铁合金进行还原、脱氧、合金化，然后充分搅拌，当温度和化学成分符合要求时即可出钢。

4.5.3 回收铁、镍等金属

用环形炉处理轧钢粉尘、电炉除尘粉尘和酸洗沉渣等废物可以回收废渣中的铁、镍、铬等有价值的合金成分。根据废渣含水率高的特点，先将废渣干燥后，用成型机代替圆盘造粒机压制成椭圆形球团，这样在还原过程中，粒度整齐，加热均匀，还原效果较好。

将含水 54%的酸洗沉渣和 90%的氧化铁皮粉尘干燥至含水 3%后进行配料，其成分见表4-25。

表 4-25 混合料的主要成分的质量分数

名称	铁	镍	铬	锌	钙	硫
质量分数/（%）	19.7	1.7	4.6	1.5	15.7	0.6

通过成型机将混合料压成椭圆形团块。加入环形炉进行脱锌还原处理，还原温度1 300℃，还原时间 15 min，还原脱锌完成后，推出炉外，稍微冷却后，加入电炉和 AOD 炉作为金属料综合利用。

通过控制配比，铁和镍的金属化率可达到 70%～80%、92%～100%，铬的利用率也较高。

第5章　高炉渣制备多孔吸声材料技术

5.1　高温烧结法制备多孔吸声材料

高炉水淬渣粒在120℃干燥至含水量小于2%，然后按<0.355 mm、0.355～1.0 mm、1.0～2.0 mm、2.0～3.0 mm、3.0～4.0 mm、4.0 mm分级，作为制备多孔吸声材料的原料。粒径大于4.0 mm的颗粒需要进一步破碎和分级。

实验过程如图5-1所示。该工艺采用硅粉作黏结剂，1 100℃烧结，升温曲线如图5-2所示。具体流程如下：在筛分的高炉水淬渣中加入硅粉作黏结剂，搅拌均匀；加入适量质量分数为10%的NaOH溶液，搅拌均匀，浸泡10 min左右；将一定质量的混合均匀的物料放入ϕ9.8×7.6 cm的圆柱形模中，在适当的压力下压制成型，脱模干燥，在1 100℃左右的高温下烧1～3 h，自然冷却，得到多孔吸声材料。

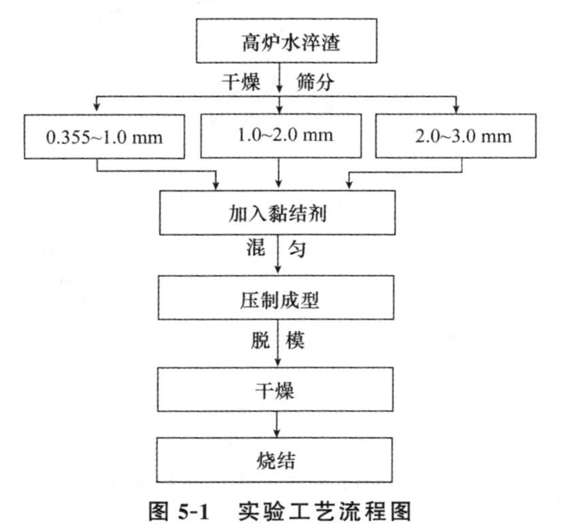

图5-1　实验工艺流程图

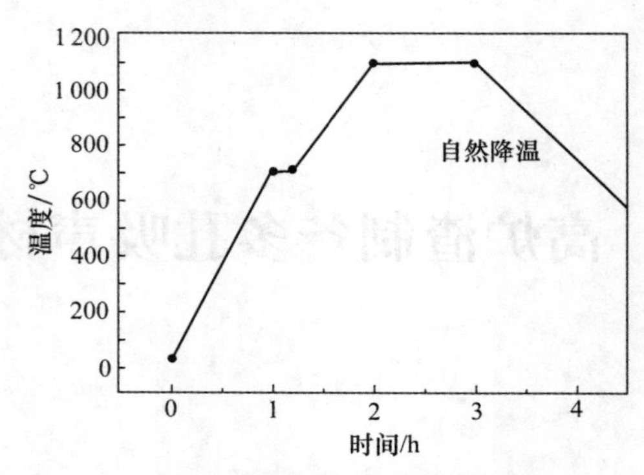

图 5-2 烧结工艺升温曲线图

另一种方法是使用水泥作为黏结剂。该工艺不需要高温烧结，可以自然干燥。

5.1.1 水淬渣粒径对吸声性能的影响

1. 小粒径炉渣为原料

以粒度为 0.355～1.0 mm 、1.0～2.0 mm 的钢渣为例，对比说明炉渣粒径对吸声性能的影响。制样压强选择 1.22 MPa，以硅微粉作黏结剂，1 100℃烧结 1h 制备了 ϕ9.8 cm 标准试样，采用驻波管法测量试样的吸声性能。图 5-3 为吸声性能检测结果。图 5-3 括号外面的数字为炉渣粒径，括号内为样品的厚度。

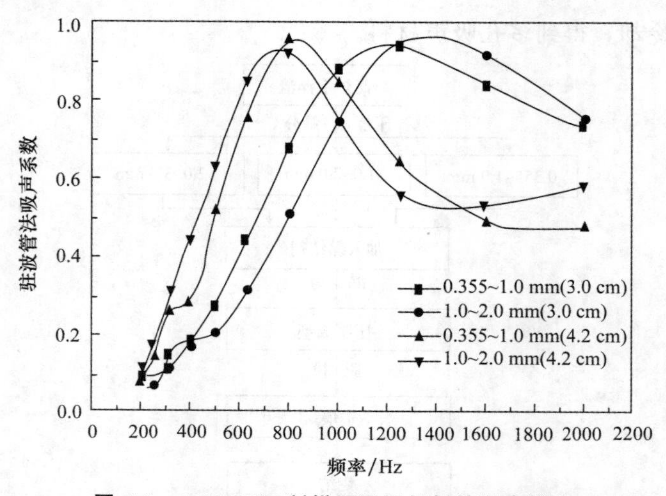

图 5-3 1.22 MPa 制样压强下材料的吸声性能

从图 5-3 可以看出，0.355～1.0 mm 水淬渣颗粒的吸声性能优于 1.0～2.0 mm 水淬渣颗粒，其吸声峰（第一共振频率）更倾向于低频。另外，0.355～1.0 mm 水淬渣颗粒的吸声系数大于 1.0～2.0 mm 相同厚度水淬渣颗粒的吸声系数。这明显是由于在相似的气孔率条件下，小粒径的熔渣中形成更多更小的空隙，流阻大，吸声性能好。

图 5-4 为在 2.43 MPa 压强下制备的样品吸声性能测试结果。结果表明，厚度为 5.6 cm 和厚度为 5.3 cm 的水淬渣的平均吸声系数均为 0.58。可以看出，由于两种尺寸的水淬渣颗粒尺寸压制的样品的吸声性能相似。小粒径的水淬渣与粒径较大的水淬渣颗粒相比，在较高的制备压力下更容易形成封闭的空隙，破坏了样品的吸声性能。因此，0.355～1.0 mm 水淬渣的制样压强应小于 2.43 MPa。从平均吸声系数来看，这两种水淬渣颗粒具有良好的吸声性能，可作为制备多孔吸声材料的原料。

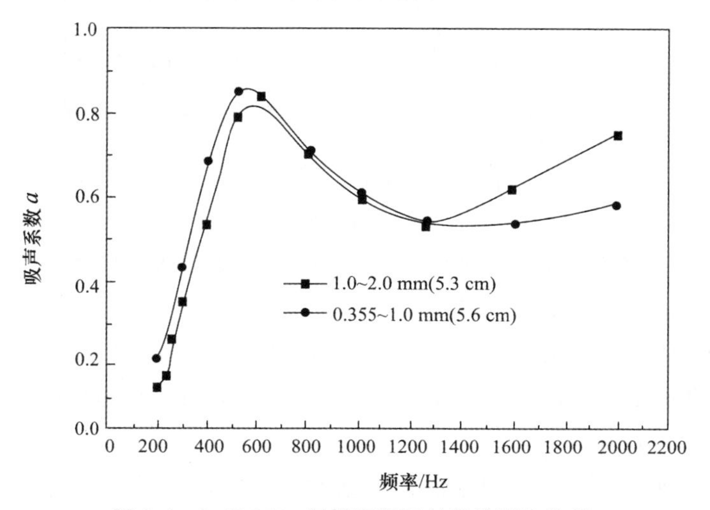

图 5-4　2.43 MPa 制样压强下材料的吸声性能

2. *大粒径炉渣为原料*

试样制备过程中，粒径分别为 2.0 mm～3.0 mm、3.0 mm～4.0 mm 的炉渣，其粒径较大，水淬渣粒间的孔径也较大。研究由这两种粒径的渣制备的吸声材料的吸声性能。实验材料为 2.0～3.0 mm、3.0～4.0 mm 两种颗粒渣的混合物。样品制备压强为 1.53 MPa，以硅微粉为黏结剂，黏结剂比例为 17%。在 100℃烧结 1h 后，制备 ϕ9.8 cm 的标准样品。采用驻波管法测量样品的吸声性能。测试结果如图 5-5 所示。由图 5-5 可以看出，由粒度为 2.0～3.0 mm、3.0～4.0 mm 和混合粒径的水淬渣颗粒制成的吸声材料具有良好的吸声性能。其中，粒径为 2.03 mm 的吸声性能略好于粒径为 3.0～4.0 mm 的。其原因是由粒径为 3.0～4.0 mm 的渣制成的吸声材料的孔径过大，吸声性能也较差。对于混合粒径的熔渣，其制成的 2.6 cm 厚的试样的吸声性能与粒径 3.0～4.0 mm 炉渣制成的厚度为 3.75 cm 的试样的吸声性能相似，因为其粒径分布较大，孔隙率较小，流阻较大。可以看出，混合粒径熔渣制成的吸声材料也具有良好的吸声性能。

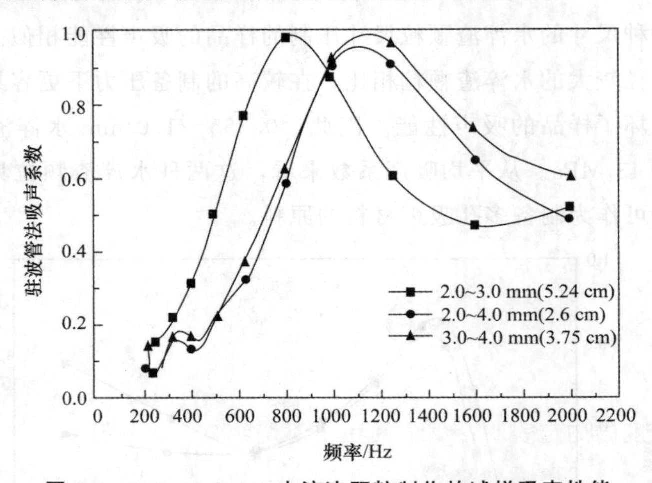

图 5-5　2.0～4.0 mm 水淬渣颗粒制作的试样吸声性能

3. 采用原始水淬渣为原料

高炉水淬渣主要是由 0～4 mm 水淬渣的颗粒组成，粒径范围为 0.355～2.0 mm 的渣占 80%以上，粒径分布较窄。因此，首先要考虑的是直接使用熔渣而不是进行筛分。

在制备实验样品时，用水泥作黏结剂。黏结剂的添加比例分别为 10% 和 20%。在 1.22 MPa 下制备 ϕ9.8 cm 的标准样品。采用驻波管法对其吸声性能进行测量。

图 5-6 表明，当水泥含量为 20%时，材料的吸声性能严重恶化。厚度为 5.4 cm 的试样吸声系数仅为 0.36。这是因为小渣粒填补了大渣粒之间的空隙，严重影响了材料的有效孔隙率，更容易形成闭孔，破坏吸声性能。当水泥含量为 10%时，厚度为 5.4 cm 的试样吸声系数为 0.525，吸声性能较好。但强度试验表明，当水泥含量为 10%时，试样强度很低，表面质量较差。因此，有必要对水淬渣颗粒进行筛分，使水淬渣的粒径相对均匀，从而增加

试样的孔隙率，提高其吸声性能。

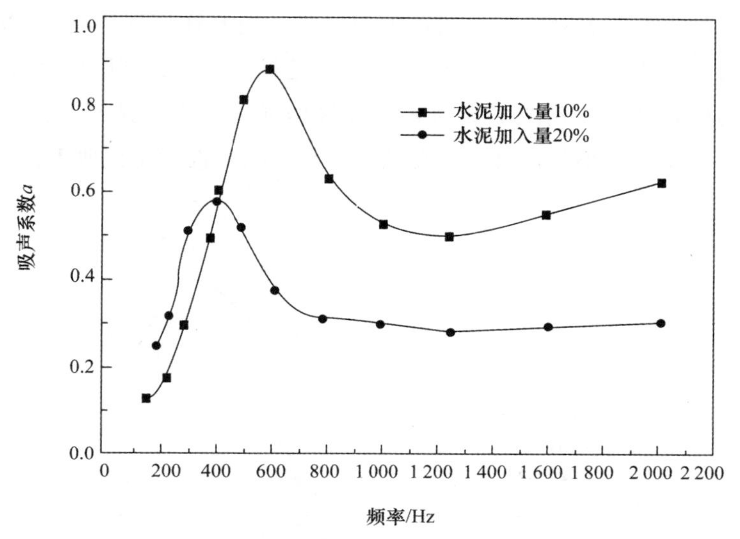

图 5-6　不筛分试样的吸声性能

5.1.2　烧结时间和成型压力对材料强度的影响

试样强度的测定表明，黏结剂用量对烧结试样的抗压强度有较大影响，但对烧结试样的抗压强度影响不大。试样制样压强为 2.43 MPa 时，材料强度与烧结时间的关系如图 5-7 所示。从实验结果可以看出，试样在烧结 2～3 h 后，强度最佳。这可能是由于烧结时间过长，导致熔渣结晶过度，强度降低。因此，烧结时间应为 2～3 h。

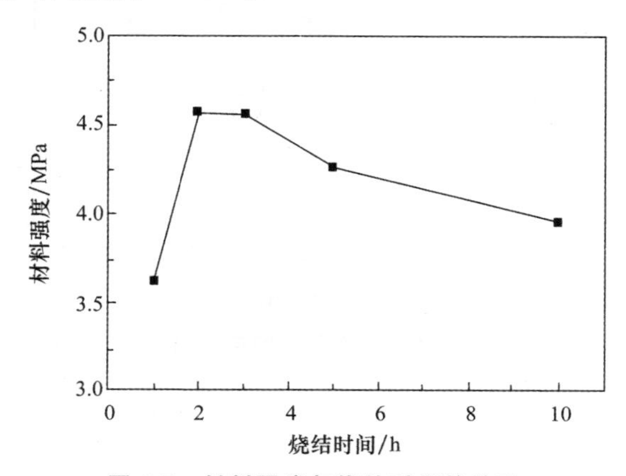

图 5-7　材料强度与烧结时间的关系

图 5-8 显示了材料强度和制样压强之间的关系。从图 5-8 可以清楚地看出，材料的强度随着制样压强的增加而增加。当制样压强为 1.22 MPa，烧结时间为 2～3 h 时，试样的抗压强度也可达到 3.0 MPa 以上。因此，考虑到试样的体积密度和孔隙率等因素，可根据强度的需要选择合适的制样压强。当制样压强较小时，材料的孔隙率较高，吸声性能得到改善。

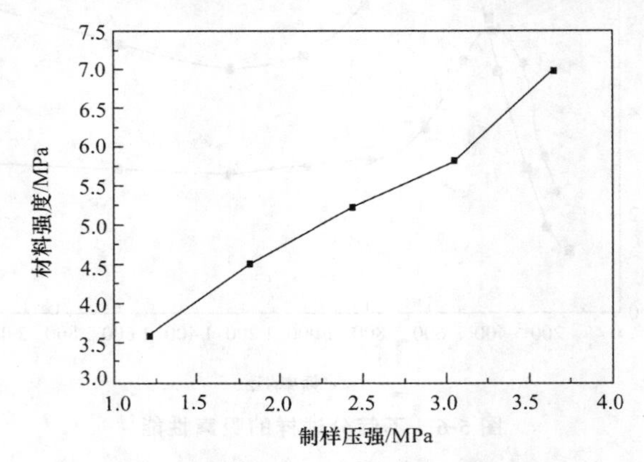

图 5-8 材料强度与制样压强的关系

图 5-9 为制样压强为 2.43 MPa，烧结时间为 1 h 的两种粒径试样的强度试验结果，从图 5-9 可以看出，试样的强度均在 3.0 MPa 以上，烧结 1 h 的试样平均强度约为 3.5 MPa。可以看出，熔渣粒径对强度影响不大。

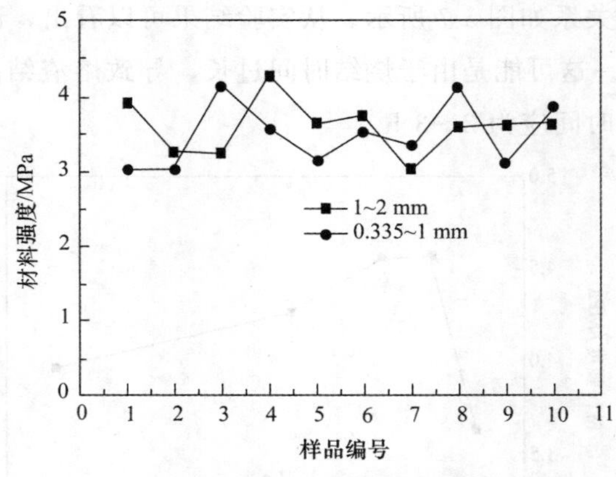

图 5-9 多次测量的样品强度

5.1.3 烧结机理

对于以硅微粉为黏结剂的样品，由于黏结剂用量相对较小，烧结后没有黏结剂。因此，有必要研究水淬渣颗粒的黏结是靠渣本身的扩散，还是靠低熔点物质在黏结剂中的熔化黏结。

通过电镜观察和能谱分析，比较水淬渣的晶界和基体组成，如图 5-10 所示。从图 5-10 可以看出，在水淬渣颗粒的边界处明显有黏结剂，因此黏结剂在水淬渣颗粒的黏结中起到了作用。加入氢氧化钠溶液的样品烧结后的强度明显高于无氢氧化钠溶液加入的样品烧结后的强度。这是因为当添加 10%NaOH 溶液时，黏结剂中存在熔点为 1 089℃的 Na_2SiO_3。当在 1 100℃烧结时，黏结剂中的 Na_2SiO_3熔化，从而使水淬渣颗粒很好地黏结在一起。

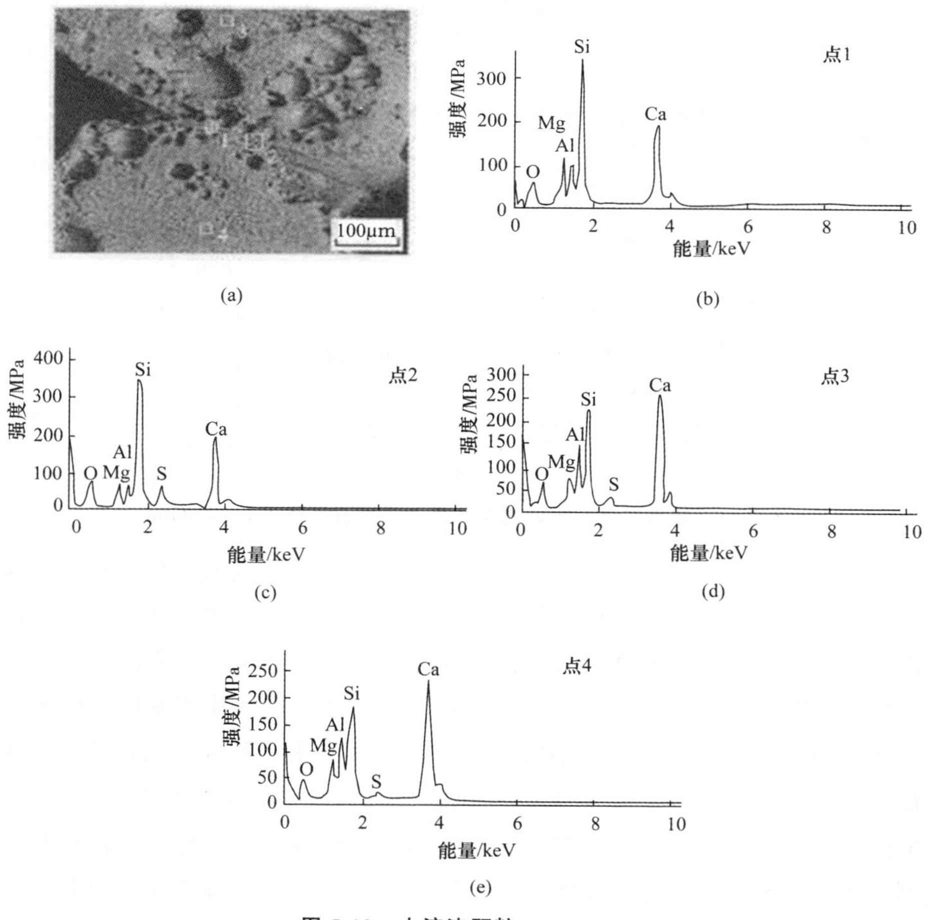

图 5-10 水淬渣颗粒 SEM-EDS

5.1.4　成型压力对孔隙率和容重的影响

图 5-11 是由 1.0～2.0 mm 水淬渣颗粒制成的多孔吸声材料的体积密度和孔隙率的实验结果。可以看出，随着制样压强的增加，材料的容重显著增加，而孔隙率则显著降低。当样品制备压强大于 2.43 MPa 时，样品容重和孔隙率的变化减小。结果表明，材料在 2.43 MPa 左右基本形成了较为稳定的结构。水淬渣粒的不规则形状是由水淬渣粒的不规则形状引起的。随着水淬渣粒在压力作用下的破碎、旋转和滑动，大量的点接触逐渐消失。容重增大，孔隙率减小，破碎后的水淬渣颗粒形成相对稳定的接触面。当压力过高时，水淬渣颗粒被进一步粉碎、压实，形成大量的封闭气孔，破坏材料的吸声性能。

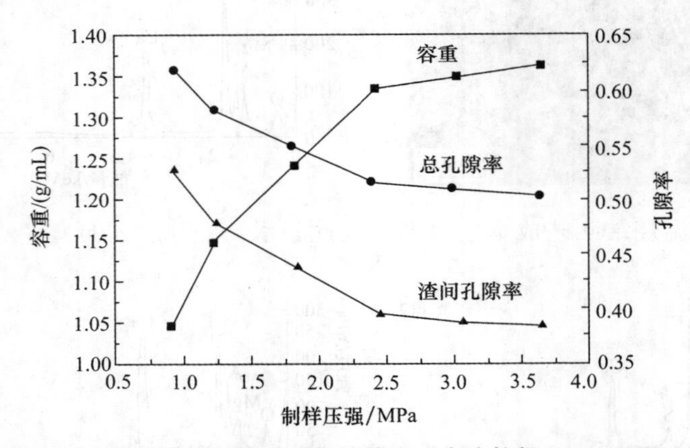

图 5-11　烧结法样品的容重与孔隙率（水渣粒径 1.0～2.0mm）

图 5-12 是由 0.355～1.0 mm 水淬渣颗粒制成的多孔吸声材料的容重和孔隙率的实验结果。变化规律与 1.0～2.0 mm 水淬渣粒的变化规律一致。图 5-12，当压强为 2.43 MPa 时的两个数据对应黏结剂加入量分别为 10％和 15％。从图 5-12 也可以看出，黏结剂添加量对孔隙度和体积密度的影响不显著。但当其用量超过一定限值时，对吸声性能有显著影响，可以从吸声性能的测试结果中得出。从容重的变化趋势可以看出，当制样压强达 2.43 MPa 左右时，水淬渣颗粒之间形成相对稳定的接触，说明制样压强和黏结剂加入量的比例是只是样品制备过程的临界值。如果超过临界值，材料内部会形成大量的闭孔，破坏材料的吸声性能。

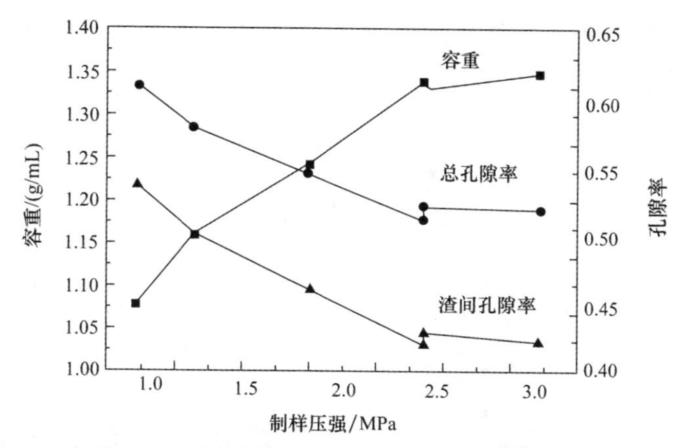

图 5-12 烧结法样品的容重与孔隙率（水渣粒径 0.355～1.0mm）

5.2 水泥黏结法制备多孔吸声材料

在前一节中，实验样品是以硅微粉为黏结剂，在 1 100℃下烧结而成的。然而，考虑到工业生产可能需要大量的黏结剂，硅微粉的生产有限，运输困难，而且高温烧结工艺成本也很高。因此，水泥被认为是提高工艺实用性的黏结剂。

5.2.1 水泥黏结法多孔材料的性能

1. 吸声性能

以粒径为 0.355～1.0 mm、粒度为 1.0～2.0 mm 的水淬矿渣颗粒为原料，探讨水泥作为黏结剂的可行性。试样制样压强为 2.43 MPa，0.355～1.0 mm 的水淬渣颗粒加入相当于水淬渣质量 15%、20%和 30%的水泥，1.0～2.0 mm 的水淬渣颗粒加入相当于 20%和 30%水淬渣质量的水泥，制成 ϕ9.8 cm 的标准样品，用驻波管法测量样品的吸声性能。实验结果如图 5-13 和图 5-14 所示。

由图 5-13 可知，当水泥加入量为 15%和 20%时，0.355～1.0 mm 渣样的平均吸声系数比硅微粉作黏结剂的样品低 0.04～0.06，但仍具有良好的吸声性能。当水泥含量为 30%时，试样的吸声性能明显下降。从样品的表面形貌来看，很明显大面积的表面孔隙被水泥填充。因此，对于 0.355～

1.0 mm 的水淬渣颗粒，制样压强为 2.43 MPa。当水泥用作黏结剂时，水泥的加入比例应在 20%左右。

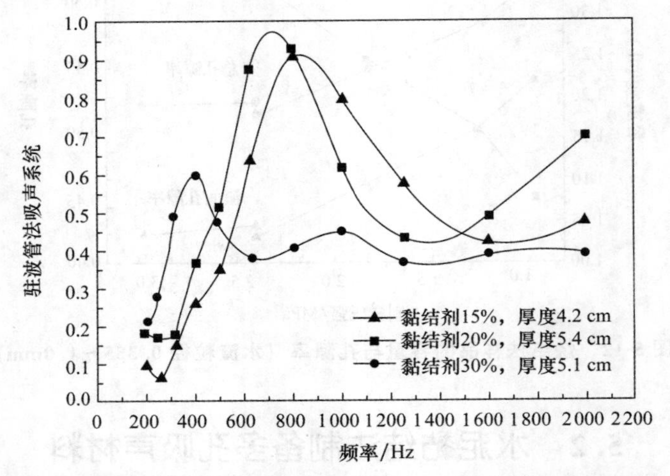

图 5-13　水泥黏结法制作的样品的吸声性能（炉渣粒径 0.355～1.0mm）

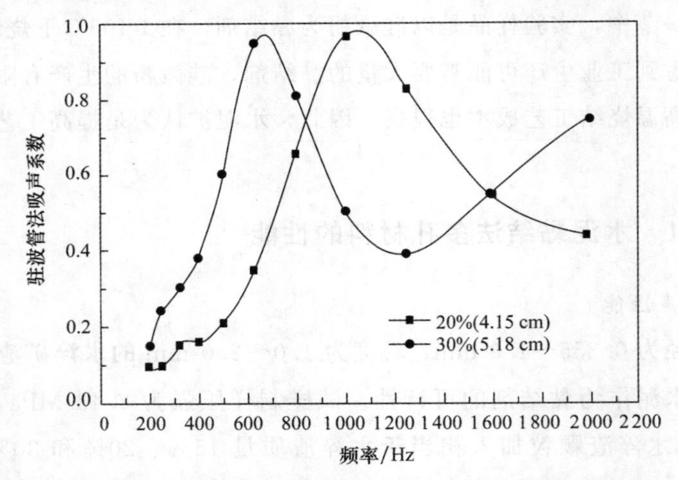

图 5-14　水泥黏结法制作的样品的吸声性能（炉渣粒径 1.0～2.0mm）

由图 5-14 可以看出，对于粒径为 1.0～2.0 mm 的水淬渣颗粒，当水泥含量为 20%和 30%时，其平均吸声系数低于以硅微粉为黏结剂的相同厚度的样品，但其平均吸声系数为系数也在 0.5 以上，吸声性能较好。因此，当制样压强为 2.43MPa 时，水泥加入量应为 20%～30%。

2. 容重与孔隙率

图 5-15～图 5-17 分别是水泥作黏结剂时，材料的容重与孔隙率的实验结果。

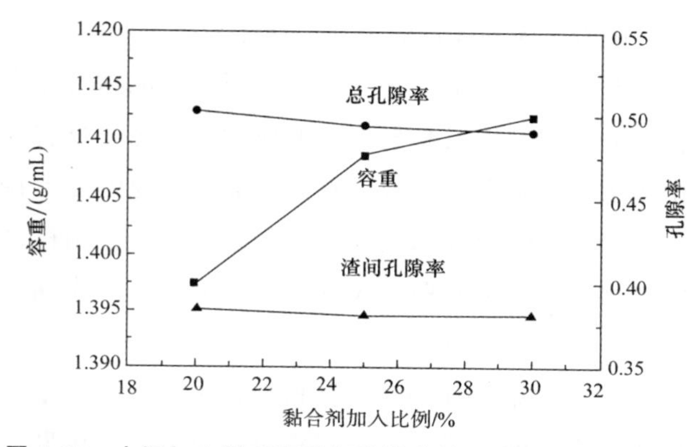

图 5-15　水泥加入量对容重与孔隙率的影响（1.0～2.0mm）

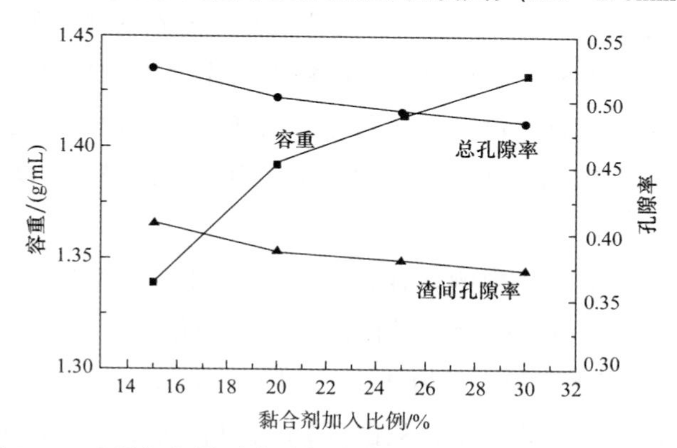

图 5-16　水泥加入量对容重与孔隙率的影响（0.355～1.0mm）

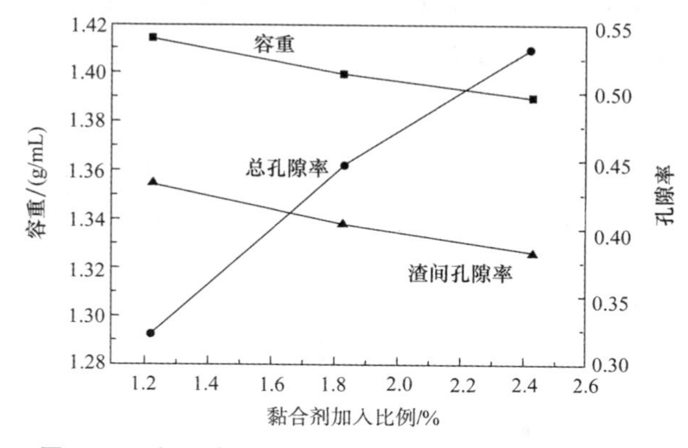

图 5-17　水泥黏结法制样压力对容重与孔隙率的影响

对比图 5-15 到图 5-17 中的孔隙度和容重数据可以看出，由于水泥加入比例大，试样容重明显增加，孔隙率明显降低，这是水泥用作黏结剂时吸声性能差的主要原因。随着水泥加入量的增加，样品的容重和孔隙率变化不明显。从样品的表面形态和内部断面形态来看，这是因为水泥粘附在水淬渣颗粒的表面上，在水淬渣颗粒之间形成骨架，而水淬渣颗粒之间只有部分水泥填充孔隙。同时，由于水泥粘附在水淬渣颗粒的表面，水泥的变形在制样过程中起到润滑作用，部分填补颗粒间的空隙形成骨架，减少了制样过程中渣颗粒的破碎。当水泥用量较大时，能保持较好的孔隙率，水泥作黏结剂仍然具有良好的吸声性能。

从图 5-17 可以看出，制样压强对容重和孔隙率的影响远大于水泥加入量。这是因为在没有泥浆流动的情况下，当制样压强较低时，包裹在渣粒表面的水泥起到了骨架材料的作用，因此多孔性较好。随着制样压强的增加，不仅会产生炉渣颗粒的破碎，而且包裹在渣粒表面作为骨架的水泥也将被挤压，骨架将成为渣粒间空隙的填充物，因此体积密度和空隙率的变化是明显的。然而，大部分水泥仍以骨架形式存在于渣粒之间，因此仍保持良好的孔隙率。

3. 强度

以水泥为黏结剂时，影响试样强度的主要因素是水泥加入量和制样压强。本文在此研究了这两个因素对材料强度的影响。

图 5-18 显示了水泥加入量为 20%，用 1.0～2.0 mm 的渣粒制作的样品的强度和制样压强之间的关系。从图 5-18 可以清楚地看出，试样的强度随制样压强的增加而显著变化。因此，为了保证材料具有良好的强度，建议样品制备压强应在 2.43 MPa 左右。

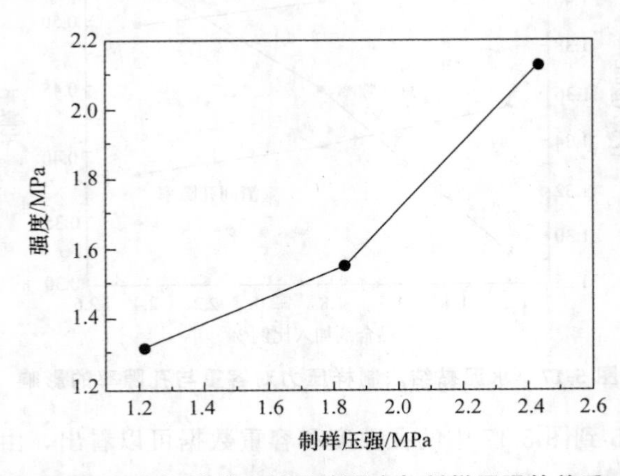

图 5-18　水泥黏结法材料的强度与制样压强的关系

图 5-19 显示了由 1.0～2.0 mm 矿渣颗粒制成的样品的强度与水泥添加比例之间的关系。从图 5-19 可以看出，水泥的加入量对试样的强度有显著影响。因此，为保证材料的强度，建议水泥加入比例为 25%～30%。

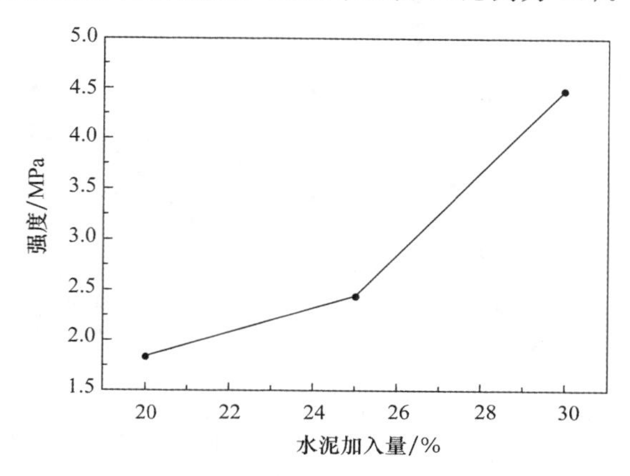

图 5-19　水泥加入比例对材料强度的景程

通过多次测量（见表 5-1），当水泥加入比例为 20% 和 30% 时，由 0.355～1.0 mm 和 1.0～2.0 mm 渣粒制成的多孔吸声材料的抗压强度可达到 4.0 MPa 以上。

表 5-1　水泥样强度测试结果

粒径/mm	水泥加入比例/%	养护时间/d	强度/MPa
1.0～2.0	30	3	3.32
		28	6.86
0.355～1.0	20	3	2.68
		28	5.42

5.2.2　加入发泡剂对吸声性能的改善

对于以水泥为黏结剂的试样，由于黏结剂的比例较大，试样的平均吸声性能比以硅微粉为黏结剂的试样小 0.04～0.06。因此，在混合物中加入适量的植物蛋白发泡剂，以改善水泥在颗粒中间的分布，从而提高吸声性能。以粒径为 0.355～1.0 mm 的水淬渣粒为例，水泥掺量为 20%，发泡剂产生的气泡加入量分别约为混合物体积的 0、15% 和 30%。

制样时，将水淬渣颗粒与水泥混合均匀，加入相当于水泥质量 40% 左右的水。然后将发泡剂产生的气泡与之混合，然后将发泡剂装入模具，在 2.43 MPa 压强下压制成标准样品。实验结果如图 5-20 所示。

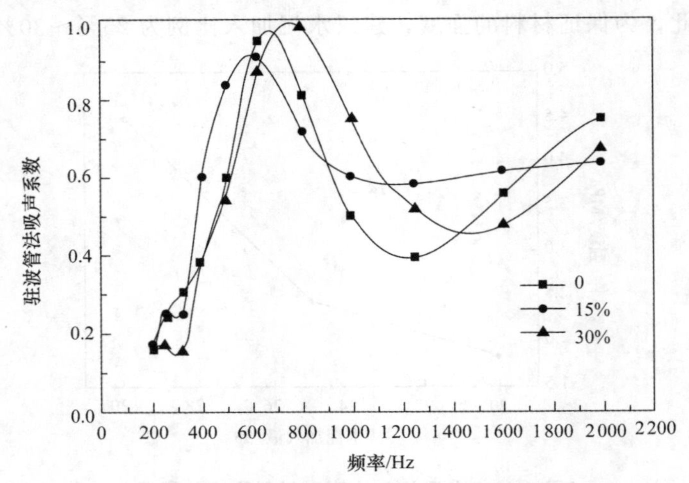

图 5-20　加入发泡剂对吸声性能的影响

由图 5-20 可知，当发泡剂产生的气泡体积比为 15%时，材料的吸声性能最佳。厚度为 5.7 cm 的试样吸声系数可达 0.58。当气泡比例为 30%时，试样的吸声性能与不加发泡剂的吸声性能相同。结果表明，气泡的加入量并不是越大越好，而是有一个最佳的加入量。首先，当水泥用量过大时，在制样过程中，在压力作用下，会从样品中挤出大量的气泡，从而使一些作黏结剂的水泥从样品中间带到样品表面，造成水泥分布不均和表面被水泥堵塞的现象；其次，样品中有大量气泡，在压力作用下，将形成大的不连通气泡，有效孔隙率减小。此外，当气泡增加时，会引入大量的水，从而出现流浆现象。包裹在渣粒表面的水泥被挤压成渣粒之间的空隙，从而堵塞渣粒之间的空隙，导致多孔性下降。因此，在样品制备过程中，气泡的加入量应限制在不产生大量的被挤出的气泡或不出现流浆现象，气泡加入量应大约为 15%（体积分数）。

参考文献

[1] 闫振甲，何艳君. 泡沫混凝土实用生产技术［M］. 北京：化学工业出版社，2006.

[2] 李文博. 泡沫混凝土发泡剂性能及其泡沫稳定改性研究［D］. 辽宁：大连理工大学，2009.

[3] 李龙珠，夏勇涛，刘文斌，等. 泡沫混凝土的发展现状及应用前景［J］. 商品混凝土，2009（07）：22-23.

[4] 蔡娜. 超轻泡沫混凝土保温材料的试验研究［D］. 重庆：重庆大学，2009.

[5] 俞心刚，李德军，田学春，等. 煤矸石泡沫混凝土的研究［M］. 新型建筑材料，2008（01）：16-19.

[6] 周明杰，王娜娜，赵晓艳，等. 泡沫混凝土的研究和应用最新进展［J］. 混凝土，2009（04）：104-107.

[7] 李福畴. 泡沫混凝土的生产应用现状［J］. 广东化工，2010，37（205）：291-292.

[8] 任先艳，张玉荣，刘才林，等. 泡沫混凝土的研究现状与展望［J］. 混凝土，2011（02）：139-144.

[9] 李文博. 泡沫混凝土技术现状及其发展动态分析［J］. 价值工程，2009，28（04）：97-99.

[10] 李书进，厉见芬. 粉煤灰泡沫混凝土稳定改性及力学性能研究［J］. 建筑节能，2011，39（242）：53-55.

[11] 张甜，李永刚，李森兰，等. 陶粒泡沫混凝土强度的影响因素研究［J］. 洛阳师范学院学报，2011，30（05）：53-55.

[12] 王秀娟，陆文雄，邵霞，等．高炉矿渣用作高性能混凝土掺合料的研究进展 [J]．上海大学学报（自然科学版），2004，10（02）：170-175.

[13] 熊传胜，王伟，朱琦，等．以钢渣和粉煤灰为掺合料的水泥基泡沫混凝土的研制 [J]．江苏建材，2009（03）：23-25.

[14] 俞心刚，魏玉荣，曾康燕．早强剂对煤矸石一粉煤灰泡沫混凝土性能的影响 [J]．墙材革新与建筑节能，2010（05）：25-28.

[15] 赵维霞，杨海勇，杨萍，等．双掺粉煤灰和膨胀珍珠岩对泡沫混凝土性能的影响 [J]．粉煤灰综合利用，2010（06）：29-31.

[16] 张艳锋．聚丙烯纤维增强粉煤灰泡沫混凝土的工艺研究 [D]．西安：长安大学，2007.

[17] 丁庆军，张勇，王发洲，等．泵送高强轻集料混凝土的研究 [J]．武汉理工大学学报，2001，23（09）：4-6.

[18] 陈益民，贺行洋，李永鑫，等．矿物掺合料研究进展及存在的问题 [J]．材料导报，2006，20（08）：28-31.

[19] 刘旭晨，赵景海．矿物掺合料对高强混凝土配制的影响 [J]．混凝土，2002（10）：177-179.

[20] 张云莲，李启令，陈志源．钢渣作水泥基材料掺合料的相关问题 [J]．机械工程材料，2004，28（05）：38-40.

[21] 杨景玲，郝以党，卢忠飞，等．钢铁渣粉作混凝土掺合料研究 [J]．冶金环境保护，2012（2）：22-27.

[22] 郝以党，张淑苓，张添华，等．钢渣粉生产工艺技术及装备研究 [J]．冶金环境保护，2012（2）：37-39.

[23] 王绍文，梁富智，王纪曾．固体废弃物资源化技术与应用 [M]．北京：冶金工业出版社，2003.

[24] 曾庆国，吴建军，余智华．钢渣热焖技术在淮钢的开发利用 [J]．冶金环境保护，2012（2）：52-54.

[25] 姚金甫．钢铁工业用后耐火材料再生利用 [J]．耐火材料，2010（3）：235-237.

[26] 田守信．用后耐火材料再生利用 [J]．耐火材料，2002（6）：338-340.

[27] 俞非漉，王海涛，王冠，等．冶金工业烟尘减排与回收利用 [M]．北京：化学工业出版社，2012.

[28] 钢铁工业节能减排新技术 5000 问编辑委员会. 钢铁工业节能减排新技术 5000 问 [M]. 北京：中国科学技术出版社，2009.

[29] 王海涛，王冠，张殿印. 钢铁工业烟尘减排与回收利用技术指南 [M]. 北京：冶金工业出版社，2012.

[30] 创建资源节约型环境友好型钢铁企业编委会. 创建资源节约型环境友好型钢铁企业 [M]. 北京：冶金工业出版社. 2006.

[31] 中国钢铁工业环保工作指南编委会. 中国钢铁工业环保工作指南 [M]. 北京：冶金工业出版社，2005.

[32] 朱桂林，张淑苓，陈旭斌，等. 钢铁渣综合利用科技创新与循环经济、节能减排 [J]. 冶金环境保护，2012 (1)：27-33.

[33] 郑永，徐世杰. 铁合金炉渣的综合利用 [J]. 环境工程，1985 (2)：33-37.

[34] 马刚，芮义斌. 唐山建龙冶金渣综合利用实践 [J]. 冶金环境保护，2012 (1)：61-64.

[35] 马建立，郭斌，赵由才. 绿色冶金与清洁生产 [M]. 北京：冶金工业出版社. 2007.

[36] 王纯，张殿印. 工业烟尘减排与回收利用 [M]. 北京：化学工业出版社，2014.

[37] 姚建可，杨利群，蒋年平，等. 亚硫酸钙对水泥水化性能的影响 [J]. 水泥，2001 (11)：1-3.